U0155532

计算机应用基础实验教程

主编 孙艳秋 杨 钧 张 颖

科学出版社

北 京

内 容 简 介

本书是《计算机应用基础》（孙艳秋、吴磊、刘世芳主编，科学出版社出版）的配套实验教材。本书包括 4 部分内容：第 1 部分为实验指导，根据教学要求安排了 9 个实验，以提高学生的操作技能和应用能力；第 2 部分为《计算机应用基础》各章习题，根据理论教材的主要知识点提供了习题，为学生自我测试提供参考；第 3 部分为计算机应用基础综合练习，方便学生系统地进行计算机基本概念、原理和应用基础知识的复习和巩固；第 4 部分为计算机等级考试（二级）模拟试题，专门针对学生备考全国计算机等级考试的需求进行编写，并提供了参考答案。

本书可以作为普通高等学校本专科、继续教育等计算机公共基础课程的辅助教材，也可以作为全国计算机等级考试用书和自学参考书。

图书在版编目（CIP）数据

计算机应用基础实验教程/孙艳秋，杨钧，张颖主编. —北京：科学出版社，2022.2
ISBN 978-7-03-070194-7

Ⅰ.①计… Ⅱ.①孙… ②杨… ③张… Ⅲ.①电子计算机–教材 Ⅳ.①TP3

中国版本图书馆 CIP 数据核字（2021）第 217338 号

责任编辑：宋　丽　宫晓梅 / 责任校对：赵丽杰
责任印制：吕春珉 / 封面设计：东方人华平面设计部

科学出版社 出版
北京东黄城根北街 16 号
邮政编码：100717
http://www.sciencep.com

天津翔远印刷有限公司印刷

科学出版社发行　　各地新华书店经销
*

2022 年 2 月第 一 版　　开本：787×1092　1/16
2022 年 2 月第一次印刷　　印张：14 1/4
字数：338 000

定价：43.00 元
（如有印装质量问题，我社负责调换〈翔远〉）

销售部电话 010-62136230　编辑部电话 010-62135319-2014

编　委　会

主　编　孙艳秋　杨　钧　张　颖

副主编　张柯欣　谭　强　岳慧平

参　编　刘世芳　吴　磊　王赫楠　王甜宇　李昀泽　夏书剑　燕　燕

前　　言

随着信息技术的飞速发展，计算机和人工智能的应用已经深入社会生产和生活的各个领域，同时互联网技术的迅猛发展使人们时刻处于以计算机网络为平台的数字化环境中，这些正在改变着人们传统的工作、学习和生活方式，并推动着社会的进步与发展。因此，计算机应用基础知识和基本技能是适应社会发展的高素质人才所必须掌握的。

"计算机应用基础"课程是高等学校普遍开设的一门计算机入门课程，旨在为非计算机专业学生提供计算机应用所必需的基础知识，培养学生的计算思维能力，提升学生的综合素养。本书是《计算机应用基础》（孙艳秋、吴磊、刘世芳主编，科学出版社出版）的配套实验教材，依据教育部高等学校非计算机专业计算机基础课程教学指导分委员会提出的高等学校非计算机专业计算机基础课程教学基本要求，同时兼顾全国计算机等级考试的要求，并结合编者多年教学实践经验编写而成。在实验设计上充分考虑了高等学校非计算机专业计算机基础课程的教学基本要求，涵盖了应知应会的知识点，突出实用性和可操作性，将理论融于实践，以实践促进理论，让学生在实践中学习、深化知识，提高学生的学习兴趣和学习效果。

本书包括 4 部分内容：第 1 部分为实验指导，根据教学要求安排 9 个实验，分别是360 杀毒软件的使用、操作系统的使用、文字编辑软件 Word 2016 的使用、电子表格软件 Excel 2016 的使用、演示文稿软件 PowerPoint 2016 的使用、计算机网络和互联网技术基础、图像处理软件 Photoshop 的使用、动画设计软件 Flash CS6 的使用和 HIS 系统门诊和出入院工作仿真实验，每个实验项目还包括若干分支；第 2 部分为《计算机应用基础》各章知识点所对应的习题，为学生自我测试提供参考；第 3 部分为计算机应用基础综合练习，方便学生系统地进行计算机基本概念、原理和应用基础知识的复习和巩固；第 4 部分为计算机等级考试（二级）模拟试题，专门针对学生备考全国计算机等级考试的需求进行编写，并提供了参考答案。

本书中的相关教学资源请从 http://www.abook.cn 网站获取。

本书由孙艳秋、杨钧、张颖担任主编，由张柯欣、谭强、岳慧平担任副主编，刘世芳、 吴磊、王赫楠、王甜宇、李昀泽、夏书剑、燕燕参与了编写。在此向为本书的编写提供帮助的同人表示衷心的感谢！

由于编者水平有限，书中难免存在疏漏和不妥之处，敬请广大读者批评指正。

目　录

第 1 部分　实　验　指　导

实验 1　360 杀毒软件的使用

一、实验目的和要求

- 掌握 360 杀毒软件的启动及使用方法。
- 掌握全盘查杀病毒的方法。
- 掌握自定义扫描查杀病毒的方法。

二、实验内容

1）在"开始"菜单中选择"360 杀毒"，启动 360 杀毒软件，如图 1.1 所示。

图 1.1　360 杀毒软件界面

2）单击"全盘扫描"按钮，可以进行全盘查杀病毒，如图 1.2 所示。在进行杀毒时可以选择暂停或者取消杀毒（图 1.3）。当杀毒结束时，会出现全盘扫描信息报告。

图 1.2　全盘扫描界面

图 1.3　全盘扫描取消杀毒信息报告

3）单击"快速扫描"按钮，快速扫描系统关键位置的病毒，如图 1.4 所示。当快速扫描结束时，出现快速扫描信息报告，如图 1.5 所示。

图 1.4　快速扫描界面

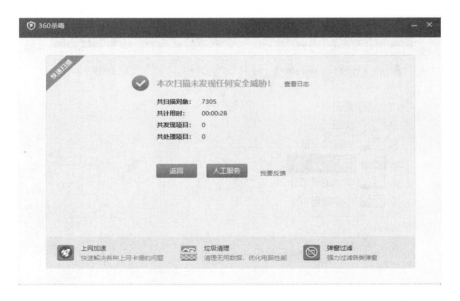

图 1.5　快速扫描信息报告

4）单击"功能大全"按钮，进行系统安全、系统优化和系统急救等操作，如图 1.6 所示。

图 1.6   功能大全界面

5）单击"自定义扫描"按钮，打开"选择扫描目录"对话框，如图 1.7 所示。当自定义扫描结束时，出现自定义扫描信息报告，如图 1.8 所示。

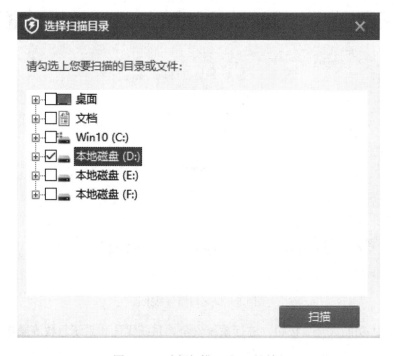

图 1.7   "选择扫描目录"对话框

图 1.8 自定义扫描信息报告

实验2　操作系统的使用

一、实验目的和要求

- 掌握 Windows 7 系统的基本设置和基本操作。
- 掌握资源管理器的基本操作，能熟练运用计算机管理文件和文件夹。

二、实验内容

1. 设置桌面和任务栏

桌面主要由桌面背景、图标、任务栏组成，任务栏左侧有一个"开始"菜单按钮。

【操作步骤】

（1）设置桌面

1）设置主题。在桌面的空白处右击，在弹出的快捷菜单中选择"个性化"命令，打开个性化设置对话框，如图 2.1 所示，Windows 7 系统自带两种主题："Windows 7 Basic"和"Windows 经典"。也可以通过选择"联机获取更多主题"选项来获取更多种类的主题。

图 2.1　个性化设置

2）设置桌面背景。在个性化设置对话框中，选择"桌面背景"选项，弹出桌面背景设置对话框，如图 2.2 所示。单击"图片位置"下拉按钮，在弹出的下拉列表中可以选择相应的图片。也可以单击右侧的"浏览"按钮从计算机中其他位置的文件夹内选择图片设为桌面背景。

图 2.2 桌面背景设置

3）设置窗口颜色和外观。在个性化设置对话框中，选择"窗口颜色"选项，打开"窗口颜色和外观"对话框，如图 2.3 所示。单击"项目"下拉按钮，在弹出的下拉列表中选择"窗口"选项。在该对话框中还可更改项目的大小、颜色及其字体的颜色。

4）设置屏幕保护程序。在个性化设置对话框中，选择"屏幕保护程序"选项，打开"屏幕保护程序设置"对话框，如图 2.4 所示。单击"屏幕保护程序"下拉按钮，在弹出的下拉列表中可选择"WPS 画报""变幻线""彩带""空白""气泡""三维文字""照片"等效果，单击"预览"按钮，观看设置效果。

图 2.3 "窗口颜色和外观"对话框

图 2.4 "屏幕保护程序设置"对话框

（2）设置任务栏

1）在任务栏的空白处右击，弹出的快捷菜单如图 2.5 所示。选择"属性"命令，打开"任务栏和「开始」菜单属性"对话框，如图 2.6 所示。

图 2.5 任务栏快捷菜单   图 2.6 "任务栏和「开始」菜单属性"对话框

2）单击"屏幕上的任务栏位置"下拉按钮，在弹出的下拉列表中分别选择"左侧"、"右侧"、"顶部"和"底部"选项，单击"应用"按钮，观察效果。

3）单击"任务栏按钮"下拉按钮，在弹出的下拉列表中分别选择"始终合并、隐藏标签"、"当任务栏被占满时合并"和"从不合并"选项，单击"应用"按钮，观察效果。

2. 查看系统信息

【操作步骤】

（1）查看系统属性

在"计算机"图标上右击，在弹出的快捷菜单中选择"属性"命令，打开系统属性设置对话框。查看系统版本、CPU 及内存情况，如图 2.7 所示。单击右侧"更改设置"按钮，在打开的"系统属性"对话框中更改计算机全名和工作组，如图 2.8 所示。

（2）查看系统硬件

在图 2.7 所示的系统属性设置对话框中单击左侧的"设备管理器"按钮，打开"设备管理器"对话框，如图 2.9 所示。用户可在其中查看计算机控制器、处理器、磁盘驱动器、电池等系统硬件是否正常工作。

图 2.7　系统属性设置对话框

图 2.8　"系统属性"对话框

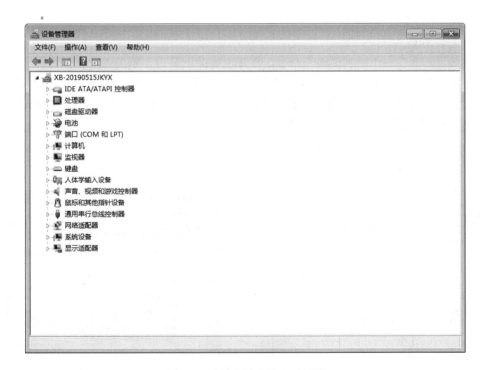

图 2.9　"设备管理器"对话框

（3）使用 Windows 任务管理器查看相关信息

按【Shift+Ctrl+Esc】组合键，打开"Windows 任务管理器"对话框。分别选择"应用程序"选项卡和"进程"选项卡，查看相关信息，如图 2.10 和图 2.11 所示。

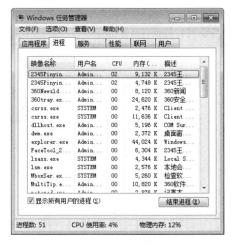

图 2.10　"应用程序"选项卡　　　　　图 2.11　"进程"选项卡

3. 设置输入法、键盘、鼠标、时间和日期

【操作步骤】

（1）设置输入法

选择"开始"→"控制面板"命令，打开控制面板窗口，单击"区域和语言"按钮，打开"区域和语言"对话框，如图 2.12 所示。选择"键盘和语言"选项卡中的"更改键盘"按钮，打开"文本服务和输入语言"对话框，将"中文（简体）-微软拼音 ABC 输入风格"设置为默认输入语言，如图 2.13 所示，单击"应用"按钮。

图 2.12　"区域和语言"对话框

图 2.13　"文本服务和输入语言"对话框

（2）设置键盘

选择"开始"→"控制面板"命令，打开控制面板窗口，单击"键盘"按钮，打开

"键盘 属性"对话框，如图 2.14 所示。改变键盘字符的重复速度，观察效果；改变键盘字符的重复延迟，观察效果；调节光标闪烁速度，观察效果。

（3）设置鼠标

选择"开始"→"控制面板"命令，打开控制面板窗口，单击"鼠标"按钮，打开"鼠标 属性"对话框，如图 2.15 所示。在"鼠标键"选项卡中，更改鼠标的主要按钮、次要按钮及双击速度，观察效果。在"指针"选项卡中，更改指针方案，观察效果。在"指针选项"选项卡中，更改指针移动速度、显示指针轨迹可见性，观察效果。

图 2.14　"键盘 属性"对话框

图 2.15　"鼠标 属性"对话框

（4）设置时间和日期

选择"开始"→"控制面板"命令，打开控制面板窗口，单击"日期和时间"按钮，打开"日期和时间"对话框，如图 2.16 所示，更改日期和时间，观察效果。

图 2.16　"日期和时间"对话框

4．文件和文件夹的操作

【操作步骤】

（1）文件夹的操作

1）在 Windows 7 系统桌面任务栏中，右击"开始"菜单图标，在弹出的快捷菜单中选择"打开 Windows 资源管理器"命令，先在左边的结构面板中选择 D 盘根目录，然后选择"文件"→"新建"→"文件夹"命令，新建一个文件夹，如图 2.17 所示，并将文件夹命名为"计算机基础"。

图 2.17　新建一个文件夹

2）在"计算机基础"文件夹下再建立 3 个子文件夹，文件夹的名称分别为"word"、"powerpoint"和"excel"，如图 2.18 所示。需注意的是，在 Windows 资源管理器左边的结构面板中，若文件夹图标前有"▷"图标，表示该文件夹中还有子文件夹，且没有显示其子文件夹。单击文件夹前面的"▷"图标，即可展开其内容，直到"▷"图标变为"◢"图标，该文件夹的所有子文件夹才全部被展开。

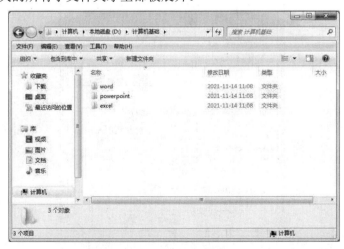

图 2.18　创建子文件夹

（2）文件的操作

1）在 Windows 资源管理器中选择"D:\计算机基础\word"，然后在该文件夹下新建一个 Word 文件。

2）双击 Word 文件，在其中任意输入一段文字，然后选择"文件"→"另存为"命令，打开"另存为"对话框，如图 2.19 所示。在"保存在"下拉列表中选择保存位置为"D:\计算机基础\word"，文件名为 "计算机基础作业_word.doc"，关闭 Word 应用程序。

图 2.19　"另存为"对话框

3）重新打开 Windows 资源管理器，找到"计算机基础作业_word"文件，在文件图标上右击，在弹出的快捷菜单中选择"属性"命令，打开"计算机基础作业_word 属性"对话框，查看文件属性，并将文件属性设置为只读，单击"应用"按钮，如图 2.20 所示。

4）重新打开"计算机基础作业_word"文件，对文件的内容进行部分修改并保存。由于该文件的属性被设置成"只读"，因此该文件不能被保存，会出现图 2.21 所示的信息提示对话框，单击"确定"按钮后，打开"另存为"对话框，用户可以将只读文件以另外的文件名称进行保存。

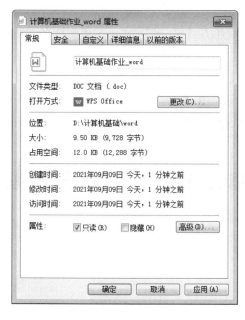

图 2.20　设置文件为"只读"　　　　　　　　图 2.21　只读文件保存时的提示信息

5）在"计算机基础作业_word"文件图标上右击，在弹出的快捷菜单中选择"属性"命令，打开"计算机基础作业_word 属性"对话框，查看文件属性，并将文件属性设置为"隐藏"，单击"应用"按钮，观察效果。"计算机基础作业_word"文件消失在文件夹中，被成功隐藏。在"word"文件夹中选择"工具"→"文件夹选项"命令，打开"文件夹选项"对话框，选择"查看"选项卡，选中"显示隐藏的文件、文件夹和驱动器"单选按钮，单击"应用"按钮，如图 2.22 所示，观察效果。

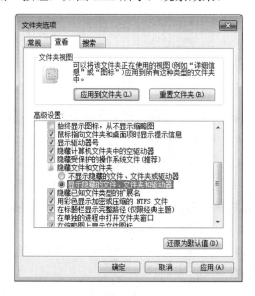

图 2.22　取消"隐藏"设置

6）在"计算机基础"文件夹中新建一个"备份"文件夹，将"计算机基础作业_word"复制到"备份"文件夹中，并将文件重命名为"计算机基础作业_word 备份"。

7）在"word"文件夹上右击，在弹出的快捷菜单中选择"删除"命令，将"计算机基础"文件夹中的"word"文件夹删除至回收站。

8）在回收站中，右击"word"文件夹，在弹出的快捷菜单中选择"还原"命令，如图 2.23 所示。恢复"word"文件夹至原来的位置。

图 2.23 "回收站"窗口

实验 3　文字编辑软件 Word 2016 的使用

一、实验目的和要求

- 掌握 Word 2016 文档的创建、保存等方法。
- 掌握 Word 2016 文档的文字和段落排版的基本方法。
- 熟练掌握文本的编辑操作方法。
- 掌握用 Word 2016 文字编辑软件制作表格的方法。

二、实验内容

1. 实验 1

启动 Word 2016，输入图 3.1 所示的文本内容，以 "1.docx" 为文件名保存在 D:\Word 文件夹中，然后关闭该文档。

医学统计分析

　　利用计算机网络计算发展成形的 "循证医学"，是计算机技术推动医学进步与发展的典范。统计分析的目的是以精练的、明确的方式来描述实验观测结果，从所研究的数据中获取最佳科学信息，以及尽量减少为得到肯定的科学结论所需的观察次数。选择适当的统计方法制订研究计划，可以使暴露于实验危险因素中的患者数量减到最小，或减少研究工作中所需的资源。人工处理医学数据是相当烦琐的，医学统计软件包的诞生把广大医学科技工作者从烦琐的数据计算中解脱出来，同时提高了数据处理结果的准确性、可靠性和科研管理水平。目前常用的专业统计软件有 SAS、SPSS 等，由于其应用广泛，使用方便，逐步成为医学数据处理最常用的软件。

　　近年来，数据挖掘技术在医学领域中的应用越来越广泛，在疾病诊断、治疗、器官移植、基因研究、图像分析、康复、药物开发、科学研究等方面都获得了可喜的成果。因为医学上收集到的数据一般是真实可靠、不受其他因素影响的，而且数据集的稳定性较强，这些对于挖掘结果的维护、不断提高挖掘模式的质量都是非常有利的条件。从这样的数据集中运用各种数据挖掘技术了解各种疾病的相互关系、发展规律，总结各种治疗方案的治疗效果，以及对疾病的诊断、治疗和医学研究都是非常有价值的。

图 3.1　文本内容

【操作步骤】

1）选择 "开始" → "所有程序" → "Word" 命令，启动 Word 2016 应用程序，窗口如图 3.2 所示。

2）选择一种中文输入方法，在 Word 窗口中的文字编辑区输入图 3.1 中的内容。

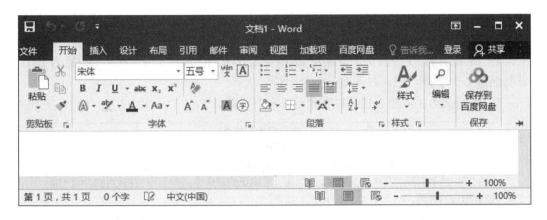

图 3.2 Word 2016 窗口

3）输入完成后，选择"文件"→"保存"命令或"文件"→"另存为"命令，将文件保存在指定的位置（D:\Word 文件夹。如果此文件夹不存在，可以在"另存为"对话框中创建此文件夹），并以学号"1.docx"为文件名命名，如图 3.3 所示，单击"保存"按钮。

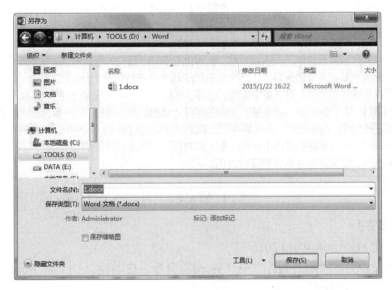

图 3.3 "另存为"对话框

4）选择"文件"→"退出"命令，关闭应用程序窗口。

2. 实验 2

1）在 Word 2016 编辑区先输入一段文本（图 3.4）。

2）将标题设置为"标题 1"样式并居中，将标题中的文字设置为三号、华文宋体、蓝色、加粗。

3）将正文中的第一段文字字体设置为宋体、五号；将"完整的电子病历存储系统支持多个用户同时查看，保证个人医疗信息的共享与交流。"加双波浪下划线，下划线颜色为绿色。

4）将第二段正文中的文字设置为幼圆字体、小五号，段前及段后间距均设置为 1 行，首行缩进 2 个字符，左、右各缩进 1 个字符。

5）将正文第 3 段分 3 栏，栏宽相等，有分隔线。

电子病历的优点

完整的电子病历存储系统支持多个用户同时查看，保证个人医疗信息的共享与交流。通过网络，医师可以在家中或在世界上任何一个角落随时获得患者的电子病历，同时可根据不同的用户给予不同的资料查询权限，从而保证了病历的安全性。授权用户在适当的时间才能查看相应的病历。

电子病历是主动的、动态的。传统病历完全不具有主动性和智能性，不能关联相关知识。纸质病历放在那里，可以被阅读，也可被补充新内容，但其内容与内容之间无法建立有机联系，病历内容与患者的实际状态完全脱节，与其相关知识没有连接，病历只能起到顺序不变的记载作用。电子病历的革命性，在于其储存的信息不再是孤立的、静态的，而是关联的、动态的，不再仅是块状信息，而是知识的集合。新补充的信息会与已存在的所有信息建立必要的联系，变换结构，根据现有的知识、规律、规则、先例，对患者的状态进行综合分析判断，主动提示相关医生或患者，提出检查、治疗方案等。

电子病历可保证数据完整、准确。按照病案管理的初衷，所有患者的相关资料最后都应集中到病案中进行统一保管。由于传统病历纸介质条件的限制，即便有些资料，如一段多普勒超声录像，希望与病案一同保管，也是不可能的。电子病历可及时获取和共享。一个人可以在北京的东城或西城的不同医院看病，也可以在深圳、西安的医院看病。采用纸病历，任何一家医院想要得到其他医院关于某个患者的全面病历资料都是十分困难的。电子病历可以全面管理各种信息资料，可以集中管理，也可以分散管理，并在理论上收集完整各种分散管理的资料。除了前述由于病案属于不同医院而造成的取用不便外，同一家医院内部也会由于病案正被借用、尚未归档、丢失等原因造成病历不能及时到位。采用电子病历则可彻底改变这一局面，一位患者的病历不仅可以多人同时获取，而且可以异地、不同医院获取。如果接入无线网，医生可在任何时候获取病历。

图 3.4　输入文本内容

【操作步骤】

（1）启动 Microsoft Word 2016

选择"开始"→"所有程序"→"Word"命令，自动建立一个新 Word 文档，文件名默认为"文档 1-Word"。

（2）输入文本

按图 3.4 所示输入文本。注意段落标记符号。

（3）设置标题

1）选定标题后，在"开始"选项卡中，单击"样式"选项组右下角的"样式"按钮，在弹出的"样式"窗格中选择"标题 1"选项，再单击"开始"→"段落"→"居中"按钮。

2）文字格式的设置在"字体"对话框中进行。选定标题，在"开始"选项卡中，单击"字体"选项组右下角的"字体"按钮，弹出"字体"对话框，如图 3.5 所示。

图 3.5　"字体"对话框

3）设置完字体、字号、颜色等后，单击"确定"按钮完成标题格式设置。

（4）设置正文第一段文字

选中正文第一段文字后，利用"开始"选项卡完成宋体、五号字设置。再选中"完整的电子病历存储系统支持多个用户同时查看，保证个人医疗信息的共享与交流。"，单击"开始"→"字体"选项组右侧的"字体"按钮，弹出"字体"对话框，如图 3.6 所示，单击"下划线线型"下拉按钮，选择双波浪下划线，设置下划线颜色为绿色。

图 3.6　"字体"对话框

（5）设置正文第二段文字

1）选中第二段文字后，单击"开始"→"字体"选项组右下角的"字体"按钮，在打开的"字体"对话框中设置幼圆字体、小五号。

2）单击"开始"→"段落"选项组右下角的"段落设置"按钮，在打开的"段落"对话框中设置段间距、行距、缩进等。

3）完成段落格式设置后，单击"确定"按钮，如图 3.7 所示。

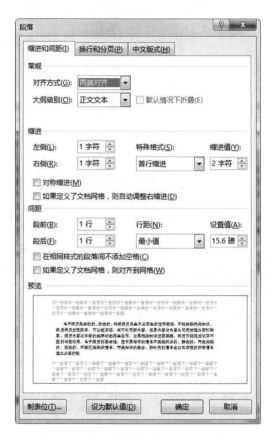

图 3.7　"段落"对话框

（6）设置正文第三段文字

选中第三段文字（注意不要选中段后面的回车符，可按住【Shift】键，同时按向左、向右光标键精确选择），然后选择"布局"→"栏"→"更多栏"选项，打开"栏"对话框，如图 3.8 所示，在"预设"选项组中选择"三栏"选项，选中"分隔线"复选框，单击"确定"按钮。

（7）设置效果

设置效果如图 3.9 所示。

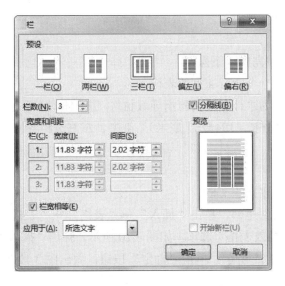

图 3.8 "栏"对话框

电子病历的优点

完整的电子病历存储系统支持多个用户同时查看，保证个人医疗信息的共享与交流。通过网络，医师可以在家中或在世界上任何一个角落随时获得患者的电子病历，同时可根据不同的用户给予不同的资料查询权限，从而保证了病历的安全性。授权用户在适当的时间才能查看相应的病历。

电子病历是主动的、动态的。传统病历完全不具有主动性和智能性，不能关联相关知识。纸质病历放在那里，可以被阅读，也可补充新内容，但其内容与内容之间无法建立有机联系，病历内容与患者的实际状态完全脱节，与其相关知识没有连接，病历只能起到顺序不变的记载作用。电子病历的革命性，在于其储存的信息不再是孤立的、静态的，而是关联的、动态的，不再仅是块状信息，而是知识的集合。新补充的信息会与已存在的所有信息建立必要的联系，变换结构，根据现有的知识、规律、规则、先例，对患者的状态进行综合分析判断，主动提示相关医生或患者，提出检查、治疗方案等。

电子病历可保证数据完整、准确。按照病案管理的初衷，所有患者的相关资料最后都应集中到病案中进行统一保管。由于传统病历纸介质条件的限制，即便有些资料，如一段多普勒超声录像，希望与病案一同保管，也是不可能的。电子病历可及时获取和共享。一个人可以在北京的东城或西城的不同医院看病，也可以在深圳、西安的医院看病。采用纸病历，任何一家医院想要得到其他医院关于某个患者的全面病历资料都是十分困难的。电子病历可以全面管理各种信息资料，可以集中管理，也可以分散管理，并在理论上收集完整各种分散管理的资料。除了前述由于病案属于不同医院而造成的取用不便外，同一家医院内部也会由于病案正被借用、尚未归档、丢失等原因造成病历不能及时到位。采用电子病历则可彻底改变这一局面，一位患者的病历不仅可以多人同时获取，而且可以异地、不同医院获取。如果接入无线网，医生可在任何时候获取病历。

图 3.9 设置效果

3. 实验 3

在实验 2 的文档中完成以下操作。

1）在文档后创建一个 3 行 4 列的表格。

2）设置页眉内容为"计算机实验指导教材"，仿宋体、小五号、居中对齐。

3）页面设置为"16K（184*260 毫米）"纸型、左右边距各为 3 厘米、页眉页脚各为 3.5 厘米。

【操作步骤】

1）打开实验 2 已建立的文档。

2）将光标移到文件尾部，单击"插入"→"表格"→"表格"下拉按钮，在弹出的下拉列表中选择"插入表格"选项，如图 3.10 所示，弹出"插入表格"对话框，然后输入 4 列 3 行，如图 3.11 所示。单击"确定"按钮，做出图 3.12 所示的表格。

图 3.10   "插入表格"选项   图 3.11   "插入表格"对话框

↵	↵	↵	↵
↵	↵	↵	↵
↵	↵	↵	↵

图 3.12   做出的表格

3）单击"插入"→"页眉和页脚"→"页眉"下拉按钮，在弹出的下拉列表中选择"编辑页眉"选项，进入页眉和页脚编辑状态。

4）在页眉区输入"计算机实验指导教材"，并设置为仿宋体、小五号、居中对齐。设置完成后，单击"页眉和页脚工具 | 设计"→"关闭"→"关闭页眉和页脚"按钮，结束页眉的编辑状态。

5）单击"布局"→"页面设置"选项组右下角的"页面设置"按钮，出现"页面设置"对话框，如图 3.13 所示。

① 在"纸张"选项卡中，设置纸张大小为：16K（184*260 毫米）。

② 在"页边距"选项卡中，设置左右边距各 3 厘米。

③ 在"布局"选项卡中，设置页眉、页脚均距边界 3.5 厘米。

图 3.13 "页面设置"对话框

6）单击"确定"按钮，完成设置，保存文档。

7）排版后的效果如图 3.14 所示。

计算机实验指导教材

电子病历的优点

完整的电子病历存储系统支持多个用户同时查看，保证个人医疗信息的共享与交流。通过网络，医师可以在家中或在世界上任何一个角落随时获得患者的电子病历，同时可根据不同的用户给予不同的资料查询权限，从而保证了病历的安全性。授权用户在适当的时间才能查看相应的病历。

电子病历是主动的、动态的。传统病历完全不具有主动性和智能性，不能关联相关知识。纸质病历放在那里，可以被阅读，也可被补充新内容，但其内容与内容之间无法建立有机联系，病历内容与患者的实际状态完全脱节，与其相关知识没有连接，病历只能起到顺序不变的记载作用。电子病历的革命性，在于其储存的信息不再是孤立的、静态的，而是关联的、动态的，不再仅是块状信息，而是知识的集合。新补充的信息会与已存在的所有信息建立必要的联系，变换结构，根据现有的知识、规律、规则、先例，对患者的状态进行综合分析判断，主动提示相关医生或患者，提出检查、治疗方案等。

电子病历可保证数据完整、准确。按照病案管理的初衷，所有患者的相关资料最后都应集中到病案中进行统一保管。由于传统病历纸介质条件的限制，即便有些资料，如一段多普勒超声录像，希望与病案一同保管，也是不可能的。电子病历可及时获取和共享。一个人可以在北京的东城或西城的不同医院看病，也可以在深圳、西安的医院看病。采用纸病历，任何一家医院想要得到其他医院关于某个患者的全面病历资料都是十分困难的。电子病历可以全面管理各种信息资料，可以集中管理，也可以分散管理，并在理论上收集完整各种分散管理的资料。除了前述由于病案属于不同医院而造成的取用不便外，同一家医院内部也会由于病案正被借用、尚未归档、丢失等原因造成病历不能及时到位。采用电子病历则可彻底改变这一局面，一位患者的病历不仅可以多人同时获取，而且可以异地、不同医院获取。如果接入无线网，医生可在任何时候获取病历。

图 3.14   排版后效果

实验4 电子表格软件 Excel 2016 的使用

一、实验目的和要求

- 掌握工作表的建立、插入、删除等基本操作方法。
- 掌握工作表的编辑和格式化等操作方法。
- 掌握公式和函数的使用方法。
- 掌握数据的排序、筛选及数据的分类汇总方法。
- 掌握图表的制作和编辑方法。

二、实验内容

1. 实验 1

1）新建一个工作簿“Excel 应用练习.xlsx”，在它的工作表 Sheet1 中建立一个如图 4.1 所示的员工工资表。

	A	B	C	D	E	F	G	H
1	员工工资表							
2	编号	姓名	出生日期	所属分公司	所属部门	时薪	工作时数	薪资
3	1001	陈宇	1986/5/13	沈阳	开发部	¥80.00	180	
4	1002	王书含	1988/3/9	沈阳	销售部	¥80.00	120	
5	2001	马晓源	1995/2/18	北京	开发部	¥70.00	180	
6	3001	刘佳	1994/6/15	上海	销售部	¥70.00	110	
7	2002	张泽	1998/10/15	北京	财务部	¥70.00	160	
8	3002	王嘉	1995/11/7	上海	财务部	¥70.00	160	
9	3003	高鑫	2000/1/26	上海	开发部	¥60.00	180	
10	1003	曹薇	1997/3/17	沈阳	财务部	¥70.00	150	
11	2003	李莹	2001/9/27	北京	销售部	¥60.00	160	
12	2004	赵晓倩	1989/8/16	北京	开发部	¥80.00	180	
13								

员工工资表

图 4.1 “员工工资表”工作表

2）将 Sheet1 更名为“员工工资表”。

3）在“出生日期”一列前插入一列，列标题为“性别”，具体取值为“男”或“女”可选择。

4）计算“薪资”。

【操作步骤】

（1）建立工作簿

1）选择“开始”→“所有程序”→“Excel”命令，打开 Excel 2016 工作窗口，系统自动新建一个工作簿，名为“工作簿 1.xlsx”。在该工作簿中建立一个如图 4.1 所示的员工工资表。

2）保存工作簿并将其命名为"Excel 应用练习.xlsx"。

① 选择"文件"→"保存"命令；或直接单击快速访问工具栏上的"保存"按钮，弹出"另存为"对话框，如图 4.2 所示。

图 4.2　"另存为"对话框

② 选择文件的位置，在"文件名"编辑框中输入"Excel 应用练习"。

③ 选择"保存类型"为"Excel 工作簿（.xlsx）"。

④ 单击"保存"按钮。

（2）编辑工作表

1）将工作表 Sheet1 更名为"员工工资表"，操作方法有以下两种。

① 在工作表标签"Sheet1"上右击，在弹出的快捷菜单中选择"重命名"命令，输入新的工作表名称"员工工资表"。

② 双击工作表标签"Sheet1"，输入新的工作表名称"员工工资表"。

2）向表中输入数据。

（3）工作表的格式化

1）选中 A1:H1 单元格区域，单击工具栏上的"合并后居中"按钮，则可实现表格标题的合并居中。

2）选中 A1 单元格，单击"开始"→"字体"选项组右下角的"字体设置"按钮，弹出"设置单元格格式"对话框，如图 4.3 所示。

3）选择"字体"选项卡，设置字体为"宋体"、字形为"加粗"、字号为"16"。

图 4.3 "设置单元格格式"对话框

4）选中 A2:H12 单元格区域，设置字体为"宋体"、字号为"12"，其中，A2:H2 单元格区域字形为"加粗"。

5）选中 F3:F12 单元格区域和 H3:H12 单元格区域，在"设置单元格格式"对话框的"数字"选项卡中选择"分类"列表中的"数值"选项，设置"小数位数"为"2"，选中"使用千位分隔符"复选框，如图 4.4 所示。选择"分类"列表中的"货币"选项，设置"货币符号（国家/地区）"为"¥"，如图 4.5 所示。

图 4.4 "设置单元格格式"对话框中的"数字"选项卡

图 4.5　选择货币符号

6）选中 A2:H12 单元格区域，在"设置单元格格式"对话框的"对齐"选项卡中设置"水平对齐"方式为"居中"，如图 4.6 所示。也可单击"开始"→"对齐方式"→"居中"按钮，完成水平居中设置。

图 4.6　设置对齐方式

7）选中 A2:H12 单元格区域，在"设置单元格格式"对话框的"边框"选项卡中设置表格边框为外框粗线和内框细线，如图 4.7 所示。

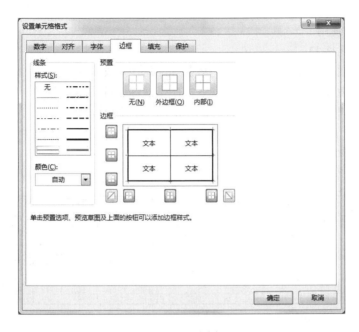

图 4.7 设置边框

8）选中 C 列，单击"开始"→"单元格"→"插入"下拉按钮，在弹出的下拉列表中选择"插入工作表列"选项；选中 C2 单元格，输入"性别"。选中 C3:C12 单元格区域，单击"数据"→"数据工具"→"数据验证"下拉按钮，在弹出的下拉列表中选择"数据验证"选项，在打开的"数据验证"对话框中进行相应设置，如图 4.8 所示。

图 4.8 "数据验证"对话框

9）适当调整行高或列宽，美化表格。

也可使用"格式"工具栏中对应的命令按钮对单元格区域进行字体、字形、字号和对齐方式等设置。

（4）公式的使用

1）选中单元格 I3。

2）在编辑栏内输入"=G3*H3"，按【Enter】键完成输入。

3）将鼠标指针移到 I3 单元格的右下角，当鼠标指针变成黑色"十"字形时，拖动鼠标指针到 I12 单元格，完成 I4～I12 单元格中的公式复制。

（5）效果

"员工工资表"效果如图 4.9 所示。

编号	姓名	性别	出生日期	所属分公司	所属部门	时薪	工作时数	薪资
				员工工资表				
1001	陈宇	男	1986/5/13	沈阳	开发部	¥80.00	180	¥14,400.00
1002	王书含	男	1988/3/9	沈阳	销售部	¥80.00	120	¥9,600.00
2001	马晓源	女	1995/2/18	北京	开发部	¥70.00	180	¥12,600.00
3001	刘佳	女	1994/6/15	上海	销售部	¥70.00	110	¥7,700.00
2002	张泽	男	1998/10/15	北京	财务部	¥70.00	160	¥11,200.00
3002	王嘉	男	1995/11/7	上海	财务部	¥70.00	160	¥11,200.00
3003	高鑫	男	2000/1/26	上海	开发部	¥60.00	180	¥10,800.00
1003	曹薇	女	1997/3/17	沈阳	财务部	¥70.00	150	¥10,500.00
2003	李莹	女	2001/9/27	北京	销售部	¥60.00	160	¥9,600.00
2004	赵晓倩	女	1989/8/16	北京	开发部	¥80.00	180	¥14,400.00

图 4.9 "员工工资表"效果

2. 实验 2

在前面建立的工作簿"Excel 应用练习.xlsx"中，对工作表"员工工资表"进行数据管理操作。

（1）排序

复制"员工工资表"工作表，并命名为"薪资排序"。在此工作表中，对"薪资"按照递减的顺序排序。

（2）自动筛选

复制"员工工资表"工作表，并命名为"筛选工作时数"。在此工作表中，对"员工工资表"筛选出工作时数最大的 4 项。

（3）分类汇总

复制"员工工资表"工作表，并命名为"分类汇总"。在此工作表中，对"员工工资表"按照所属分公司进行分类汇总，计算各分公司平均薪资，在此基础上，再求出各分公司人数。

【操作步骤】

（1）排序

1）打开工作簿"Excel 应用练习.xlsx"，在"员工工资表"工作表上右击，在弹出的快捷菜单中选择"移动或复制"命令，弹出"移动或复制工作表"对话框，如图 4.10 所示，完成工作表的移动或复制操作，并选中"建立副本"复选框。

图 4.10 "移动或复制工作表"对话框

2）新生成的工作表默认名字为"员工工资表（2）"，在此工作表标签上右击，在弹出的快捷菜单中选择"重命名"命令，输入工作表名称"薪资排序"。

3）在"薪资排序"工作表中选中"薪资"一列的任意一个数据，单击"数据"→"排序和筛选"→"排序"按钮，弹出如图 4.11 所示的"排序"对话框。

图 4.11 "排序"对话框

4）在主要关键字下拉列表中选择"薪资"，"次序"选择"降序"；次关键字和第三关键字可以默认，单击"确定"按钮，完成排序操作。也可先选择"薪资"列上任意单元格，右击，然后在弹出的快捷菜单中选择"降序"命令进行排序。

5）排序完成结果如图 4.12 所示。

编号	姓名	性别	出生日期	所属分公司	所属部门	时薪	工作时数	薪资
				员工工资表				
1001	陈宇	男	1986/5/13	沈阳	开发部	¥80.00	180	¥14,400.00
2004	赵晓倩	女	1989/8/16	北京	开发部	¥80.00	180	¥14,400.00
2001	马晓源	女	1995/2/18	北京	开发部	¥70.00	180	¥12,600.00
2002	张泽	男	1998/10/15	北京	财务部	¥70.00	160	¥11,200.00
3002	王嘉	男	1995/11/7	上海	财务部	¥70.00	160	¥11,200.00
3003	高鑫	男	2000/1/26	上海	开发部	¥60.00	180	¥10,800.00
1003	曹薇	女	1997/3/17	沈阳	财务部	¥70.00	150	¥10,500.00
1002	王书含	男	1988/3/9	沈阳	销售部	¥80.00	120	¥9,600.00
2003	李莹	女	2001/9/27	北京	销售部	¥60.00	160	¥9,600.00
3001	刘佳	女	1994/6/15	上海	销售部	¥70.00	110	¥7,700.00

员工工资表   薪资排序

图 4.12　排序完成结果

（2）自动筛选

1）复制"员工工资表"工作表并重命名为"筛选工作时数"。

2）在"筛选工作时数"工作表中单击"开始"→"编辑"→"排序和筛选"下拉按钮，在弹出的下拉列表中选择"筛选"选项，或者单击"数据"→"排序和筛选"选项组中的"筛选"按钮，此时每个列标题旁都出现了一个下拉按钮，如图 4.13 所示。

编号	姓名	性别	出生日期	所属分公司	所属部	时薪	工作时	薪资
				员工工资表				
1001	陈宇	男	1986/5/13	沈阳	开发部	¥80.00	180	¥14,400.00
1002	王书含	男	1988/3/9	沈阳	销售部	¥80.00	120	¥9,600.00
2001	马晓源	女	1995/2/18	北京	开发部	¥70.00	180	¥12,600.00
3001	刘佳	女	1994/6/15	上海	销售部	¥70.00	110	¥7,700.00
2002	张泽	男	1998/10/15	北京	财务部	¥70.00	160	¥11,200.00
3002	王嘉	男	1995/11/7	上海	财务部	¥70.00	160	¥11,200.00
3003	高鑫	男	2000/1/26	上海	开发部	¥60.00	180	¥10,800.00
1003	曹薇	女	1997/3/17	沈阳	财务部	¥70.00	150	¥10,500.00
2003	李莹	女	2001/9/27	北京	销售部	¥60.00	160	¥9,600.00
2004	赵晓倩	女	1989/8/16	北京	开发部	¥80.00	180	¥14,400.00

员工工资表   薪资排序   筛选工作时数

图 4.13　自动筛选数据

3）单击"工作时数"旁的下拉按钮，在弹出的下拉列表中选择"数字筛选"选项，在弹出的级联菜单中选择"前 10 项"选项，在弹出"自动筛选前 10 个"对话框中进行设置，如图 4.14 所示，显示最大的 4 项。

图 4.14　"自动筛选前 10 个"对话框

4）单击"确定"按钮完成筛选操作，筛选结果如图 4.15 所示。若要取消对"工作时数"的筛选,单击该列的自动筛选按钮,在弹出的下拉列表中选择"清除筛选"选项。若要取消自动筛选,则重新单击"开始"→"编辑"→"排序和筛选"下拉按钮,在弹出的下拉列表中选择"筛选"选项,或者单击"数据"→"排序和筛选"选项组中的"筛选"按钮。

	A	B	C	D	E	F	G	H	I
1					员工工资表				
2	编号	姓名	性别	出生日期	所属分公	所属部	时薪	工作时	薪资
3	1001	陈宇	男	1986/5/13	沈阳	开发部	¥80.00	180	¥14,400.00
5	2001	马晓源	女	1995/2/18	北京	开发部	¥70.00	180	¥12,600.00
9	3003	高鑫	男	2000/1/26	上海	开发部	¥60.00	180	¥10,800.00
12	2004	赵晓倩	女	1989/8/16	北京	开发部	¥80.00	180	¥14,400.00
13									

员工工资表　薪资排序　筛选工作时数　⊕

图 4.15　工作表筛选结果

(3) 分类汇总

1) 复制"员工工资表"工作表并重命名为"分类汇总"。

2) 对"所属分公司"列进行排序。

① 选中"所属分公司"列中的任意单元格。

② 单击"开始"→"编辑"→"排序和筛选"下拉按钮,在弹出的下拉列表中选择"升序"选项,或者单击"数据"→"排序和筛选"选项组中的"升序"按钮,对当前列进行排序。

3) 计算各分公司的平均薪资。

① 选中数据表中的任意单元格。

② 单击"数据"→"分级显示"→"分类汇总"按钮,打开"分类汇总"对话框,如图 4.16 所示。

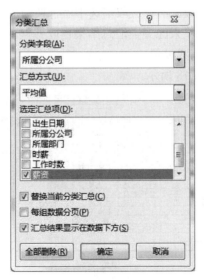

图 4.16　"分类汇总"对话框

③ 在"分类汇总"对话框中,设置"分类字段"为"所属分公司","汇总方式"

为"平均值",在"选定汇总项"列表框中选择"薪资"选项并选中"汇总结果显示在数据下方"复选框。

④ 单击"确定"按钮完成设置,效果如图 4.17 所示。如果想要删除分类汇总,可在"分类汇总"对话框中单击"全部删除"按钮。

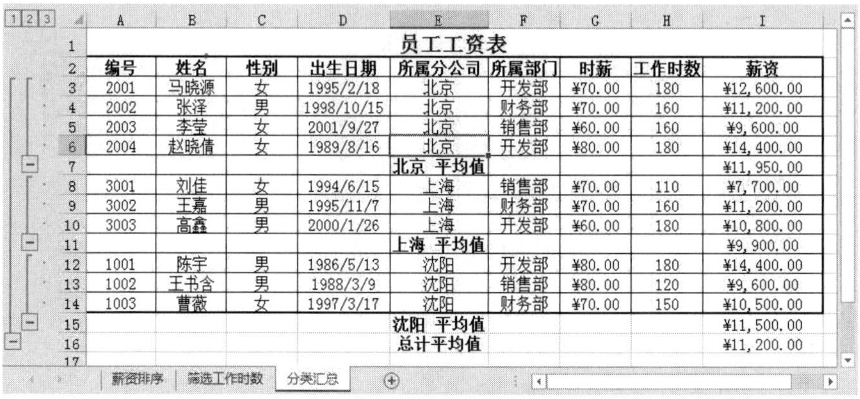

图 4.17　第一次分类汇总效果

4)求出各分公司人数。

① 选中数据表中的任意单元格。

② 单击"数据"→"分级显示"→"分类汇总"按钮。

③ 在弹出的"分类汇总"对话框中设置"分类字段"为"所属分公司","汇总方式"为"计数",在"选定汇总项"列表框中选择"薪资"选项。

④ 因为之前的分类汇总结果,也就是各分公司平均薪资的计算结果需要保留,在此基础上还要求各分公司人数,所以应取消选中"替换当前分类汇总"复选框,使得在建立新的分类汇总的同时,原来的分类汇总结果也能够保留。

⑤ 单击"确定"按钮完成设置。

5)分类汇总结果如图 4.18 所示。

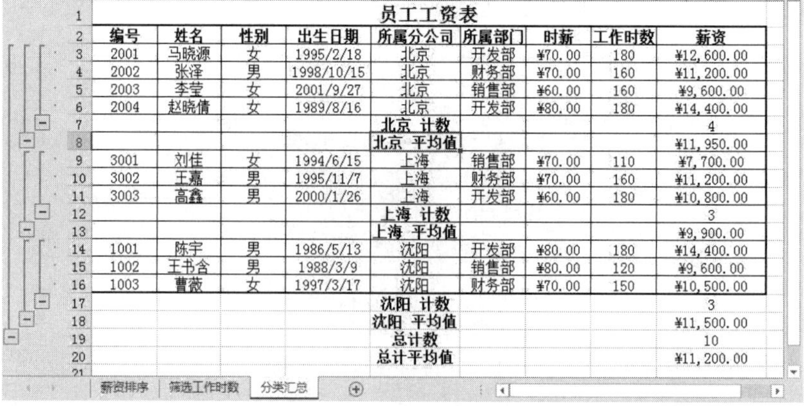

图 4.18　分类汇总结果

3. 实验 3

在前面建立的工作簿"Excel 应用练习.xlsx"中,对"分类汇总"工作表中的所属分公司和薪资平均值创建一个嵌入式图表,图表类型为"三维簇状条形图",标题为"薪资对比图"。

【操作步骤】

(1)选中数据区域

选中 E8、I8、E13、I13、E18、I18 单元格。

(2)创建图表

1)单击"插入"→"图表"→"插入柱形图或条形图"下拉按钮,在弹出的下拉列表中选择"三维条形图"下的"三维簇状条形图"选项。

2)单击"图表工具丨设计"→"图表布局"→"添加图表元素"下拉按钮,在弹出的下拉列表中选择"图表标题"选项,在级联菜单中选择"图表上方"选项,填入标题"薪资对比图"。

3)可使用鼠标拖动图表边缘控制点改变图表大小。

(3)效果

"薪资对比图"效果如图 4.19 所示。

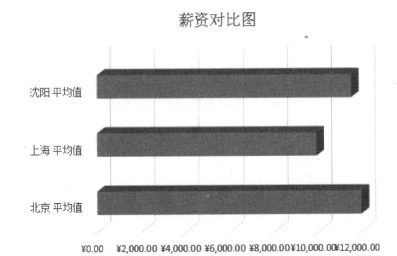

图 4.19 "薪资对比图"效果

4. 实验 4

在前面建立的工作簿"Excel 应用练习.xlsx"中,建立一个如图 4.20 所示的学生成绩统计表,并将工作表命名为"学生成绩统计表",计算总分、平均分、评优和名次。对"学生成绩统计表"工作表中的成绩创建一个图表,图表类型为"二维折线图",标题为"学生成绩统计表",图表为新工作表,新工作表命名为"学生成绩统计折线图"。

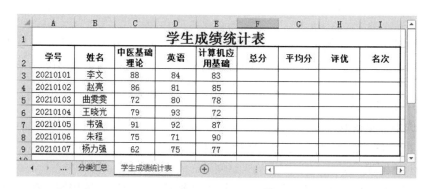

图 4.20　"学生成绩统计表"工作表

【操作步骤】

（1）建立并编辑工作表

1）新建工作表并将其命名为"员工工资表"。单击工作表标签右侧的"新工作表"按钮，新建工作表"Sheet1"，在工作表标签"Sheet1"上右击，在弹出的快捷菜单中选择"重命名"命令，输入新的工作表名称"学生成绩统计表"。

2）向表中输入数据。

（2）工作表的格式化

1）选中 A1:I1 单元格区域，单击"开始"→"对齐方式"→"合并后居中"按钮，则可实现表格标题的合并居中。

2）选中 A1 单元格，单击"开始"→"字体"选项组右下角的"字体设置"按钮，弹出"设置单元格格式"对话框，在对话框中设置字体为"宋体"、字形为"加粗"、字号为"18"。

3）选中 A2:I9 单元格区域，设置字体为"宋体"、字号为"11"，其中，A2:I2 单元格区域字形为"加粗"。

4）选中 F3:G9 单元格区域，在"设置单元格格式"对话框的"数字"选项卡中选择"分类"列表框中的"数值"选项，设置"小数位数"为"1"。

5）选中 A2:I9 单元格区域，单击"开始"→"对齐方式"→"居中"按钮。

6）适当调整行高或列宽，美化表格。

（3）函数的使用

1）求总分。

① 选中 F3 单元格。

② 单击"公式"→"函数库"→"插入函数"按钮，打开"插入函数"对话框，如图 4.21 所示。

③ 选择求和函数"SUM"，单击"确定"按钮，打开"函数参数"对话框，如图 4.22 所示。

图 4.21　"插入函数"对话框

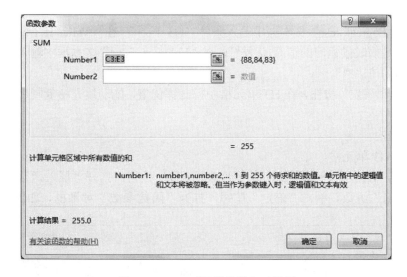

图 4.22　SUM "函数参数"对话框

④ 在"Number1"文本框中输入求和的范围"C3:E3";也可以单击"Number1"文本框右边的"折叠对话框"按钮,用光标在工作表中选择求和区域,完成后可再次单击"折叠对话框"按钮返回;还可以直接用光标拖动选择求和区域。

⑤ 单击"确定"按钮,在 F3 单元格中计算出总分,拖动填充柄复制公式到其他单元格中。

2）求平均分。

平均分的计算与求总分相似,不同的是选择"AVERAGE"函数。

3）评优。

① 选中 H3 单元格。

② 单击"公式"→"函数库"→"插入函数"按钮，打开"插入函数"对话框，选择"IF"函数，单击"确定"按钮，打开"函数参数"对话框，如图 4.23 所示。

图 4.23   IF "函数参数"对话框

③ 在"Logical_test"文本框中输入条件"G3>=85"；在"Value_if_true"文本框中输入条件满足的时候返回的值""优秀""，在"Value_if_false"文本框中输入条件不满足的时候返回的值"""。

④ 单击"确定"按钮，在 H3 单元格中得到评优值，拖动填充柄复制公式到其他单元格中。

4）求名次。

① 选中 I3 单元格。

② 单击"公式"→"函数库"→"插入函数"按钮，打开"插入函数"对话框，选择"RANK"函数，单击"确定"按钮，打开"函数参数"对话框，如图 4.24 所示。

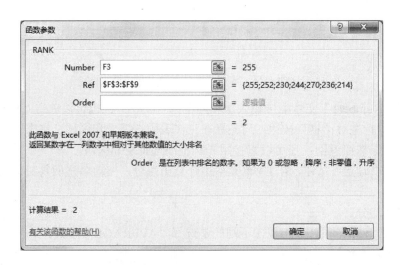

图 4.24   RANK "函数参数"对话框

5）函数计算完成后的结果如图 4.25 所示。

学号	姓名	中医基础理论	英语	计算机应用基础	总分	平均分	评优	名次
					学生成绩统计表			
20210101	李文	88	84	83	255.0	85.0	优秀	2
20210102	赵亮	86	81	85	252.0	84.0		3
20210103	曲雯雯	72	80	78	230.0	76.7		6
20210104	王晓光	79	93	72	244.0	81.3		4
20210105	韦强	91	92	87	270.0	90.0	优秀	1
20210106	朱程	75	71	90	236.0	78.7		5
20210107	杨力强	62	75	77	214.0	71.3		7

图 4.25　"学生成绩统计表"函数计算完成后的结果

（4）建立图表

1）选中 B2:E9 单元格区域。

2）单击"插入"→"图表"→"插入折线图或面积图"下拉按钮，在弹出的下拉列表中选择"二维折线图"中的"折线图"选项。

3）单击"图表工具｜设计"→"图表布局"→"添加图表元素"下拉按钮，在弹出的下拉列表中选择"图表标题"选项，在级联菜单中选择"上方"选项，填入标题"学生成绩统计表"。

4）单击"图表工具｜设计"→"位置"→"移动图表"按钮，弹出"移动图表"对话框，选中"新工作表"单选按钮，填入工作表名称"学生成绩统计折线图"，如图 4.26 所示。

图 4.26　"移动图表"对话框

（5）效果

"学生成绩统计折线图"图表完成效果如图 4.27 所示。

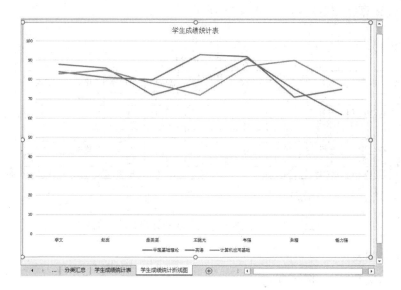

图 4.27   "学生成绩统计折线图"图表完成效果

实验 5 演示文稿软件 PowerPoint 2016 的使用

一、实验目的和要求

- 了解 PowerPoint 2016 的主要功能。
- 掌握新建演示文稿的常用方法。
- 掌握幻灯片背景效果的设置方法。
- 掌握在幻灯片中插入多媒体信息的方法。

二、实验内容

1. 创建演示文稿

基于模板创建演示文稿,并熟悉演示文稿在不同视图下的切换。

【操作步骤】

(1)基于模板创建一个演示文稿

1)选择"开始"→"所有程序"→"PowerPoint"命令,或双击桌面上的 PowerPoint 2016 快捷方式图标,启动 PowerPoint 2016,选择"丝状"背景应用于新建的幻灯片,如图 5.1 所示。

图 5.1 基于模板创建演示文稿

2)单击"开始"→"幻灯片"→"新建幻灯片"下拉按钮,在弹出的下拉列表中有不同幻灯片版式,选择"Office 主题"列表框中的某个幻灯片版式,就可以按照所选的版式插入幻灯片。

（2）认识并切换各种视图

视图是供观看和编辑演示文稿的窗口。要对演示文稿进行各种不同的操作，需要选择合适的视图。

1）视图分为普通视图、大纲视图、幻灯片浏览视图、备注页视图、阅读视图。通过视图用户既能全面考虑演示文稿的结构，又能方便地编辑幻灯片的细节，图 5.2 所示为普通视图，它是默认的视图模式。

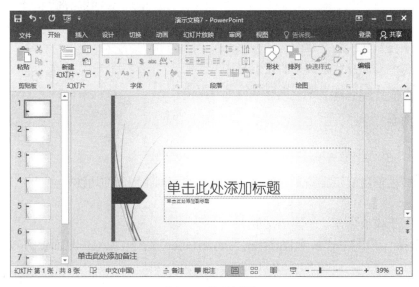

图 5.2　普通视图

2）通过视图切换按钮可以在不同视图中显示幻灯片。幻灯片浏览视图如图 5.3 所示，演示文稿中的所有幻灯片并列排在屏幕上，这种视图适用于插入幻灯片、删除幻灯片、移动幻灯片位置等操作。阅读视图如图 5.4 所示，菜单、功能区等窗口元素均不显示，可方便地在屏幕上阅读文档。

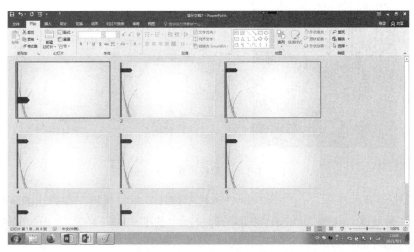

图 5.3　幻灯片浏览视图

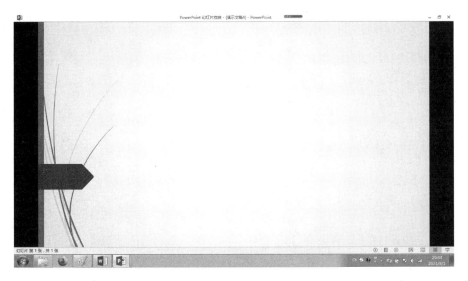

图 5.4　阅读视图

3）单击窗口右下角的"幻灯片放映"按钮，则当前窗口切换成从当前幻灯片开始放映幻灯片的放映视图。在此视图中，每单击一次，就会放映下一部分的内容，直到结束，也可按【Esc】键终止放映。

4）单击窗口右下角的"普通视图"按钮，则当前窗口切换到普通视图模式。

5）单击窗口右上角的"关闭"按钮，则弹出"是否保存对演示文稿的修改"提示，单击"不保存"按钮，则不存盘退出 PowerPoint 2016。

2. 创建自定义演示文稿

【操作步骤】

当要建立的演示文稿没有合适的模板可以套用时，可以通过空白演示文稿创建自定义的演示文稿。下面以创建"大学计算机基础与应用"课程的演示文稿为例，说明创建的具体步骤。

1）选择"开始"→"所有程序"→"PowerPoint"命令，或双击桌面上的 PowerPoint 2016 快捷方式图标，启动 PowerPoint 2016，选择"空白演示文稿"，创建一个新的空白演示文稿。

2）单击"开始"→"幻灯片"→"新建幻灯片"下拉按钮，在弹出的下拉列表中有不同的幻灯片版式，如图 5.5 所示，选择需要的版式，如选择"标题幻灯片"版式。

3）在普通视图中，在第 1 张空白的幻灯片内输入标题内容"大学计算机基础与应用"，再输入副标题内容"高校教材"，适当调整位置，如图 5.6 所示。

4）新建第 2 张幻灯片。单击"开始"→"幻灯片"→"新建幻灯片"下拉按钮，出现第 2 张幻灯片，其默认为"标题和内容"版式。在第 2 张幻灯片中输入如图 5.7 所示的内容。

图 5.5　各种幻灯片版式

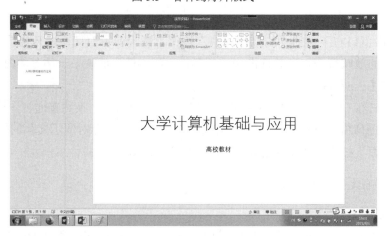

图 5.6　输入第 1 张幻灯片的内容

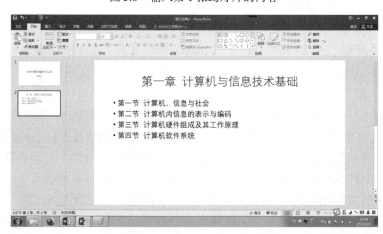

图 5.7　输入第 2 张幻灯片的内容

5）新建第 3 张幻灯片。单击"开始"→"幻灯片"→"新建幻灯片"下拉按钮，出现第 3 张幻灯片。在第 3 张幻灯片中输入如图 5.8 所示的内容。

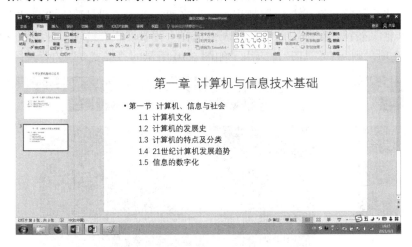

图 5.8　输入第 3 张幻灯片的内容

6）演示文稿输入完毕后，选择"文件"→"保存"命令，在打开的"另存为"对话框中选择文件的保存位置，输入演示文稿的文件名"大学计算机基础与应用教程演示"，单击"保存"按钮，如图 5.9 所示，则演示文稿以"大学计算机基础与应用教程演示"为文件名保存。

图 5.9　"另存为"对话框

7）单击"关闭"按钮，退出 PowerPoint 2016。

3. 设置幻灯片的背景

下面分别用"过渡"图案、"渐变"图案、"纹理"图案对"大学计算机基础与应用教程演示"文稿的全部幻灯片进行背景设计。

【操作步骤】

（1）用"过渡"图案进行背景设计

打开"大学计算机基础与应用教程演示"文稿，单击"设计"→"变体"选项组右下角的"其他"按钮，在弹出的下拉列表中选择"背景样式"选项，在级联菜单中选择"样式7"选项，则所有幻灯片都应用了如图5.10所示的"样式7"的背景图案。

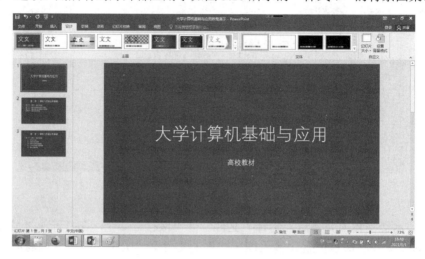

图5.10　应用"样式7"背景图案

（2）用"渐变"图案进行背景设计

单击"设计"→"自定义"→"设置背景格式"按钮，弹出如图5.11所示的"设置背景格式"窗口。选中"渐变填充"单选按钮，"类型"选择"矩形"，"方向"选择"从中心"，"颜色"选择"紫色"。如果选择错误，可以单击下方的"重置背景"按钮重新设置。设置完成后单击"应用到全部"按钮，最后关闭"设置背景格式"窗口，则全部幻灯片的背景都是选定的"渐变"图案，如图5.12所示。

图5.11　"设置背景格式"窗口

图 5.12　设置"渐变"背景图案的幻灯片

（3）用"纹理"图案进行背景设计

在"设置背景格式"窗口中，选中"图片或纹理填充"单选按钮，单击"纹理"下拉按钮，在弹出的下拉列表中选择"水滴"选项，然后单击"应用到全部"按钮，最后关闭"设置背景格式"窗口，则全部幻灯片的背景都是选定的"水滴"图案，如图 5.13 所示。

图 5.13　"水滴"背景图案的幻灯片

4. 对文字对象添加自定义动画效果

【操作步骤】

在设置自定义动画时，PowerPoint 2016 允许随意组合视觉效果、声音和定时功能，还可以设置对象的动画顺序。

1）启动 PowerPoint 2016，选择"文件"→"打开"命令，通过"这台电脑"或"浏览"选择文件路径，打开"大学计算机基础与应用教程演示"文稿。

2）选择"动画"选项卡，在功能区出现设置动画的工具，包括"动画"选项组、"高级动画"选项组和"计时"选项组，如图 5.14 所示。

图 5.14　"动画"选项卡

3）选择第 3 张幻灯片，选中标题，单击"动画"选项组中的"其他"按钮，弹出图 5.15 所示的下拉列表，其中有"进入""强调""退出""动作路径"等选项。这些选项中含有各种动画类型，选择"更多进入效果"选项，在弹出的"更改进入效果"对话框中还有更多可供选择的动画类型。图 5.16 所示为选择"更多进入效果"选项后打开的"更改进入效果"对话框。

4）选择"更改进入效果"对话框中"基本"选项组中的"百叶窗"效果，单击"确定"按钮，会激活"动画"选项卡上的各设置选项，同时对标题文本框设置百叶窗的动画效果，幻灯片编辑区标题文本框对象前显示"1"，表示此动画效果在该页的播放次序。

5）对动画进行具体设置。PowerPoint 2016 提供了两种设置环境，在"动画"选项卡中可以对动画的播放时间与速度等进行简单设置，也可以在"效果选项"下拉列表中进行各项属性的详细设置。

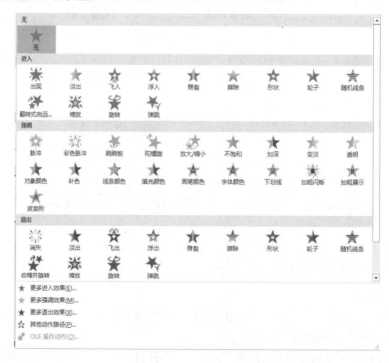

图 5.15　动画效果列表

图 5.16　"更改进入效果"对话框

① 设置播放时间：单击"动画"→"计时"→"开始"下拉按钮，在弹出的下拉列表中有"单击时"、"与上一动画同时"和"上一动画之后"3 个选项，如图 5.17 所示。"单击时"为单击后播放，"与上一动画同时"为与上一项同时播放，"上一动画之后"为在上一项之后开始播放，在这里选择"单击时"选项。

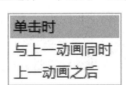

图 5.17　"计时"选项组中的"开始"下拉列表

② 设置播放方向：单击"动画"→"动画"→"效果选项"下拉按钮，弹出如图 5.18 所示的下拉列表，其中的播放方向有"水平"和"垂直"两个选项，这里选择"水平"选项。

③ 设置播放速度：在"计时"选项组的"持续时间"处进行设置，默认为 50 秒；如果想加快速度，可设置为 35 秒；如果想减慢速度，可设置为 75 秒。单击"动画"→"预览"→"预览"下拉按钮，在弹出的下拉列表中选择"预览"选项，观看效果并进行适当调整。

6）对效果选项进行具体设置。单击"动画"→"高级动画"→"动画窗格"按钮，打开如图 5.19 所示的"动画窗格"窗口。在"动画窗格"窗口中右击第一条记录，弹出图 5.20 所示的快捷菜单，选择"效果选项"命令，打开如图 5.21 所示的"百叶窗"对话框，可以进行"效果""计时""正文文本动画"等内容的设置。不同的对象显示的内容是不同的，应根据实际情况灵活应用。

图 5.18 "方向"的效果选项

图 5.19 "动画窗格"窗口

图 5.20 "动画窗格"快捷菜单

图 5.21 "百叶窗"对话框

7）动画刷的使用。如果将两个对象设置成同样的动画效果，可使用动画刷。选中第一个对象，如第 3 张幻灯片的标题，单击"动画"→"高级动画"→"动画刷"按钮，再单击第 3 张幻灯片中的内容部分，则内容部分设置成了与标题相同的动画效果。

5. 设计幻灯片的切换效果

幻灯片的切换效果是指在显示下一张幻灯片（即切换到下一张幻灯片）时采用的动态显示效果。

1）单击"切换"→"切换到此幻灯片"→"其他"下拉按钮，弹出如图 5.22 所示的切换效果，包括"细微"、"华丽"和"动态内容"3 类切换效果。

2）在幻灯片视图（或幻灯片浏览视图）中选中要设置切换效果的幻灯片，选择图 5.22 中的一种切换效果，如选择"细微"→"推进"选项，并在"效果选项"下拉列表中选择"自左侧"选项，此时，此切换效果应用于选中的幻灯片，也可以单击"全部应用"按钮，将此切换效果应用于所有幻灯片。

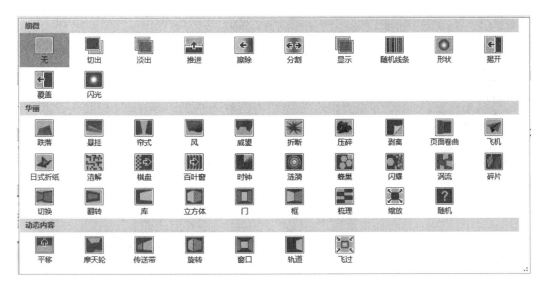

图 5.22　幻灯片切换效果选项

3）还可以修改切换的效果、设置换片方式等。

6. 放映幻灯片

1）单击"幻灯片放映"→"开始放映幻灯片"→"从头开始"按钮或"从当前幻灯片开始"按钮，可以逐张观看幻灯片放映效果，每单击一次，幻灯片就放映一个对象或一张幻灯片。按【Esc】键可终止放映。

2）单击"幻灯片放映"按钮，只是从当前幻灯片开始，逐张放映。

7. 设置放映方式

单击"幻灯片放映"→"设置"→"设置幻灯片放映"按钮，打开如图 5.23 所示的"设置放映方式"对话框。在该对话框中可以设置放映类型、放映幻灯片片数、放映选项和换片方式等，设置完成后单击"确定"按钮。

8. 设置排练计时

单击"幻灯片放映"→"设置"→"排练计时"按钮，此时进入幻灯片放映状态，同时打开如图 5.24 所示的"录制"窗口，在记录完第 1 张幻灯片之后，单击可进入下一张幻灯片，也可以在"录制"窗口中单击"下一项"按钮，即开始播放第 2 张幻灯片并开始计时，鼠标指针停留的时间就是下一张幻灯片显示的时间，排练结束关闭"录制"窗口后将弹出信息提示框，询问是否保留排练时间。

单击"开始放映幻灯片"→"从头开始"按钮，则从第 1 张幻灯片开始放映，观看自动放映效果。选择"文件"→"保存"命令，保存演示文稿，退出 PowerPoint 2016。

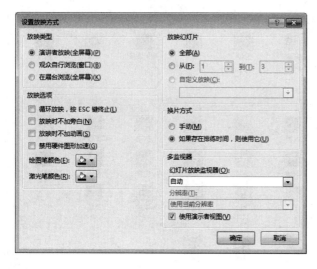

图 5.23   "设置放映方式"对话框

图 5.24   "录制"窗口

实验 6　计算机网络和互联网技术基础

一、实验目的和要求

- 掌握 Windows 操作系统中网络连接查看和 IP 地址的设置方法。
- 掌握局域网环境中共享资源的设置和操作方法。
- 掌握网络浏览器的设置及应用方法。
- 熟悉 IE 浏览器的常用设置操作方法。

二、实验内容

1. 网络连接状态的查看和 IP 地址及相关参数的设置

【操作步骤】

1）右击桌面上的"网络"图标，在弹出的快捷菜单中选择"属性"命令，打开"网络和共享中心"窗口，单击窗口中的"本地连接"链接，打开如图 6.1 所示的"本地连接 状态"对话框，可以查看当前局域网网络连接的状态。

2）单击"详细信息"按钮，系统弹出"网络连接详细信息"对话框（图 6.2），在该对话框中可以查看本机的 IP 地址、子网掩码、默认网关、DNS 服务器等数据。单击"关闭"按钮，可以返回"本地连接 状态"对话框。

图 6.1　"本地连接 状态"对话框　　　　图 6.2　"网络连接详细信息"对话框

3）单击"本地连接 状态"对话框"常规"选项卡中的"属性"按钮，系统弹出如图 6.3 所示的"本地连接 属性"对话框。选中"Internet 协议版本 4（TCP/IPv4）"复选框，单击"属性"按钮，系统弹出如图 6.4 所示的"Internet 协议版本 4（TCP/IPv4）属性"对话框，在这里用户可以根据实际需要设置和修改本机的 IP 地址、子网掩码、DNS 服务器等网络参数。设置完毕之后单击"确定"按钮使其生效。返回"本地连接 属性"对话框，再次单击"确定"按钮，返回"本地连接 状态"对话框，在页面下方的"活动"区域，可以查看本机当前的网络连接状态是否正常。

 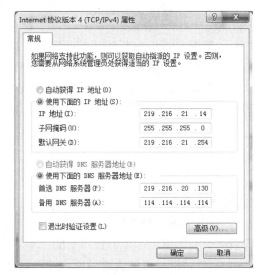

图 6.3　"本地连接 属性"对话框　　　图 6.4　"Internet 协议版本 4（TCP/IPv4）属性"对话框

2.　计算机名和网络名的查看及共享文件的设置和管理

【操作步骤】

（1）查看计算机名和网络名

1）双击桌面上的"网络"图标，打开如图 6.5 所示的"网络"窗口。

图 6.5　"网络"窗口

2）在"网络"窗口中，如果系统提示"网络发现和文件共享已关闭。看不到网络计算机和设备。单击以更改…"信息，则单击提示位置，在弹出的菜单中选择"启用网络发现和文件共享"并确认，稍后窗口中会显示当前计算机所在的局域网网段或同一网络中的计算机，如图 6.6 所示。

图 6.6　查看当前网络计算机

（2）设置和管理共享文件

1）在系统"D:"盘上创建一个"共享测试"文件夹，并向其中复制一些文件。右击该文件夹图标，在弹出的快捷菜单中选择"共享"命令，在级联菜单中选择"特定用户"命令，打开"文件共享"对话框，如图 6.7 所示。

图 6.7　"文件共享"对话框

2）确认要与其共享的用户，如果用户名未在当前对话框中显示，则可在中间的列表框中选择并添加，确认完毕后，单击"共享"按钮完成设置。之后在同一网络或工作组的其他计算机上，通过网上邻居就可以访问该共享文件夹中的资源。如果允许其他计算机的用户更改该文件夹内的资源，包括新建、修改、删除等操作，那么需要在"文件共享"对话框中对应用户名后的"权限级别"设置中修改相应设置。如果要取消该文件夹的共享属性，则需要再次右击"共享测试"文件夹图标，在弹出的快捷菜单中选择"共享"命令，在级联菜单中选择"不共享"命令，在弹出的界面中选择"停止共享"选项。

3）右击桌面上的"计算机"图标，在弹出的快捷菜单中选择"管理"命令，进入"计算机管理"窗口，如图 6.8 所示。在左侧子窗口树状目录中，依次展开"系统工具"→"共享文件夹"列表，即可查看本地资源的共享情况。"共享文件夹"下的"共享"、"会话"和"打开文件"3 个子文件夹包含有关本地计算机上的所有共享、会话和打开文件的相关信息。选择"共享"子文件夹，在右侧列表中可以查看本机所有共享资源的名称、路径和连接情况。选择"会话"子文件夹，在右侧列表中可以查看远程计算机的连接情况，包括连接到该计算机的所有网络用户的计算机名、用户名、打开文件数、连接时间等相关信息。选择"打开文件"子文件夹，右侧列表中可以看到该计算机上所有被打开文件的访问者、网络连接类型、资源锁定数、打开资源时授予的权限等相关信息。

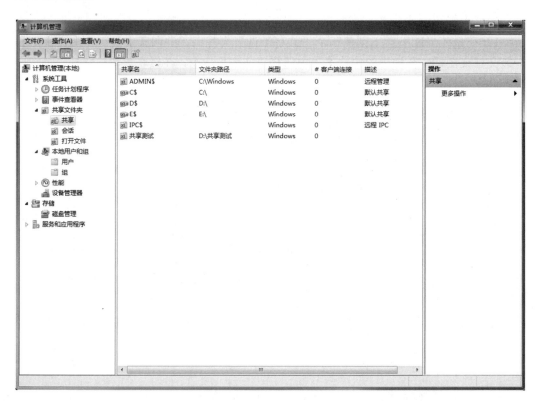

图 6.8　"计算机管理"窗口

3. 网络浏览器的设置及应用

【操作步骤】

（1）启动 IE 浏览器并浏览网页

1）选择"开始"→"所有程序"→"Internet Explorer"命令或双击桌面上的"Internet Explorer"快捷方式图标，即可启动 IE 浏览器。

2）在地址栏中输入要打开的网址，如输入辽宁中医药大学首页的网址"www.lnutcm.edu.cn"并按【Enter】键，即可打开辽宁中医药大学官方网站的首页，如图 6.9 所示，并可通过单击网页中的超链接进行访问。

图 6.9　辽宁中医药大学官方网站首页

（2）配置 IE 浏览器

1）更改 IE 浏览器起始主页。单击浏览器页面右上角的"工具"下拉按钮，在弹出的下拉列表中选择"Internet 选项"选项，打开"Internet 选项"对话框，如图 6.10 所示。根据需要在"常规"选项卡的"主页"选项组的地址栏中输入指定地址，并单击"确定"按钮使其生效，然后重新启动 IE 浏览器进行检验。

2）单击"浏览历史记录"选项组中的"设置"按钮，在打开的"Internet 临时文件和历史记录设置"对话框中，根据实际需求对 Internet 临时文件使用的磁盘空间、网页在历史记录中保存的天数，以及 Internet 临时文件的存储位置等选项进行设置。

3）单击"安全"选项卡，如图 6.11 所示。在"Internet""本地 Intranet""受信任的站点""受限制的站点"4 个不同区域图标中，选择要设置的区域，在下方"该区域的安全级别"选项组中调节滑块所在位置,根据实际需求将该 Internet 区域的安全级别分别设为高、中或低等适合的级别,并单击"确定"按钮使其生效。

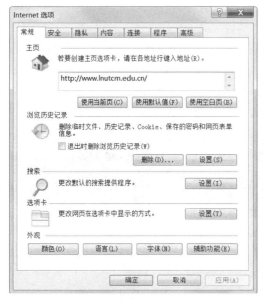

图 6.10 "Internet 选项"对话框

图 6.11 IE 安全设置

（3）使用搜索引擎

1）在 IE 浏览器地址栏中输入百度首页网址"www.baidu.com"并按【Enter】键,打开百度主页,如图 6.12 所示。

图 6.12 百度主页

2）在页面的搜索文本框中输入所要搜索的相关信息的关键词，单击"百度一下"按钮，完成搜索，结果如图 6.13 所示。

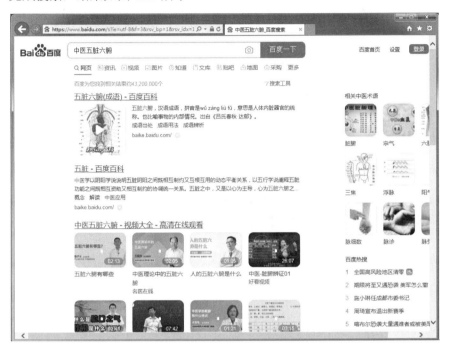

图 6.13 搜索结果

（4）保存网页

选择"页面"→"另存为"命令，打开"保存网页"对话框，如图 6.14 所示。根据实际需求设定好存储路径、文件名、保存类型等信息，然后单击"保存"按钮，完成网页保存。

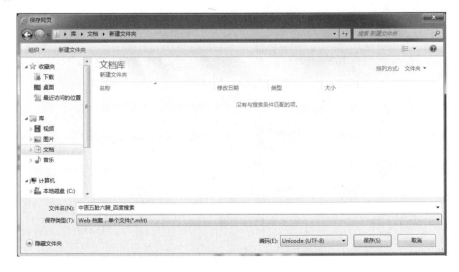

图 6.14 "保存网页"对话框

（5）使用收藏夹

1）单击浏览器页面上方的"收藏夹"按钮，在弹出的下拉列表中选择"添加到收藏夹"选项，或按【Ctrl+D】组合键，打开"添加收藏"对话框，如图 6.15 所示。

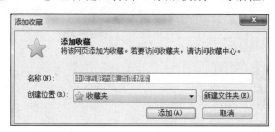

图 6.15　"添加收藏"对话框

2）在"添加收藏"对话框的"名称"文本框中修改或输入要设置的网页收藏名称，单击"添加"按钮，即可完成网页链接的收藏。

实验 7　图像处理软件 Photoshop 的使用

一、实验目的和要求

- 掌握在 Photoshop 软件中使用磁性套索工具和魔棒工具创建选区的方法及选区命令的运用。
- 掌握在 Photoshop 软件中将不同图像进行合成的方法。
- 掌握在 Photoshop 软件中画笔工具、横排文字工具及滤镜的使用方法。
- 掌握在 Photoshop 软件中填充工具、矢量工具的使用方法。

二、实验内容

1）使用磁性套索工具和魔棒工具进行图像区域选择，并进行选区移动操作，将其添加到另外一个图像中进行合成。

【操作步骤】

① 在 Photoshop 软件中打开一个名为"风景背景.jpg"的图像文件，如图 7.1 所示。同时再打开"鸟.jpg"图像文件，如图 7.2 所示。

图 7.1　打开"风景背景.jpg"图像文件

图 7.2　打开"鸟.jpg"图像文件

② 在"鸟.jpg"图像文件中,选择工具栏中的磁性套索工具,沿图像文件中的鸟的边缘进行勾画,双击完成区域选择,如图 7.3 所示。

图 7.3　使用磁性套索工具选择区域

③ 使用魔棒工具将选区内未被选择上的区域,再添加选中,即进行多区域选择,并将容差设为 20,连续选择鸟图像,直到图像内部没有选择虚线区域,表明内部区域均被选择。

④ 使用移动工具对魔棒工具选择的区域进行移动，原位置留下的为刚才选择不完整的部分，如图 7.4 所示。

图 7.4 移动选择区域

⑤ 使用移动工具将选中的鸟的区域拖动到另一个已打开的图像文件"风景背景.jpg"上松开鼠标，鸟图像就叠加到风景背景图像上，如图 7.5 所示。

图 7.5 选中鸟的区域并叠加到风景背景图像上

⑥ 选择"编辑"→"变换"命令，可以对移动过来的鸟的图像进行缩放、旋转、扭曲、翻转等调整，应用变换后的效果如图 7.6 所示。

图 7.6　对鸟应用变换后的效果

⑦ 对鸟所在的图层 1 进行复制,并且复制多个副本图层。再使用移动工具将每个图层中的鸟图像移动到合适的位置,完成后的图像效果如图 7.7 所示。

图 7.7　合成效果

⑧ 合成后图片的保存和输出。一般原始文件保存为 Photoshop 文件(PSD 格式),

可以保留图层信息，方便以后修改。完成作品可以保存为 JPEG 文件（JPG 格式），文件比较小，方便浏览和传输，如图 7.8 所示。

图 7.8 作品存储

2）使用填充工具、画笔工具及滤镜制作背景；使用横排文字工具，通过选区命令绘制字母图像。

【操作步骤】

① 选择"文件"→"新建"命令，在"新建"对话框中，设置宽度为 10 厘米，高度为 8 厘米，分辨率为 150 像素/英寸（1 英寸=2.54 厘米），颜色模式为 RGB 颜色，背景内容为白色的文档。

② 用油漆桶工具将背景图层填充为黑色。之后单击"图层"面板下方的"创建新图层"按钮，创建"图层 1"。

③ 选择画笔工具，设置画笔为柔边圆，大小为 500 像素，硬度为 0%。然后在画布中绘制圆形笔触，并将"图层 1"的不透明度设置为 90%，设置完成后的图像效果如图 7.9 所示。

④ 选择"滤镜"→"杂色"→"添加杂色"命令，在"添加杂色"对话框中设置"数量"为 40%，选中"高斯分布"单选按钮，单击"确定"按钮，如图 7.10 所示。添加杂色后的滤镜效果如图 7.11 所示。

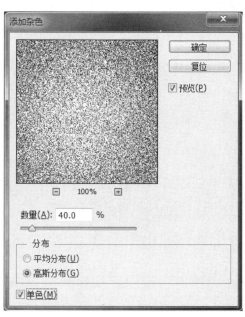

图 7.9   画笔绘制效果   图 7.10   "添加杂色"对话框

图 7.11   添加杂色后的滤镜效果

⑤ 选择"滤镜"→"模糊"→"动感模糊"命令，在"动感模糊"对话框中设置角度为 0°，距离为 210 像素，单击"确定"按钮，为图像添加模糊效果。添加后的效果如图 7.12 所示。

图 7.12 添加动感模糊效果

⑥ 选择"图像"→"调整"→"色阶"命令，在"色阶"对话框中，设置输入色阶的值为（72,1.00,227），单击"确定"按钮。调整色阶后的图像效果如图 7.13 所示。

图 7.13 调整色阶后的图像效果

⑦ 选择横排文字工具，在画布中输入字母"X"，然后单击"切换字符"和"段落面板"按钮，选中字母，在打开的"字符"窗口中设置字体为 Cooper Black，大小为 140点，垂直缩放为 100%，水平缩放为 100%，字距为 80 点，颜色为白色。参数设置完成后的文字效果如图 7.14 所示。

图 7.14   设置 "X" 文字效果

⑧ 使用横排文字工具在画布中绘制一个文本框，并输入英文诗句。设置英文的字体为 Arial，大小为 5 点，垂直缩放为 100%，水平缩放为 100%，字距为 80 点，颜色为黑色。设置完成后的英文诗句文字效果如图 7.15 所示。

图 7.15   设置英文诗句文字效果

⑨ 在确定英文诗句图层为当前工作图层后，在面板中右击，在弹出的快捷菜单中选择"栅格化文字"命令，将文字栅格化。然后在按住【Ctrl】键的同时单击字母"X"图层的缩览图，将其载入选区。图 7.16 是隐藏了其他图层后的显示状态。

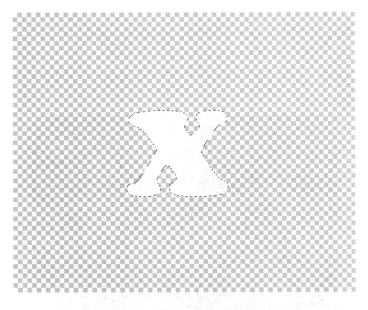

图 7.16　将字母"X"载入选区

⑩ 选择"选择"→"反向"命令。选中英文诗句图层，并选择"编辑"→"清除"命令，取消选区操作，最终图像效果如图 7.17 所示。

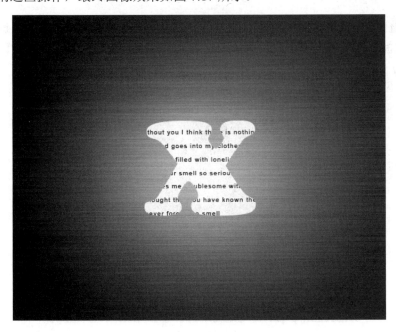

图 7.17　最终图像效果

3）使用矢量图形工具制作矢量图形，应用"路径"面板功能，利用魔棒工具、填充工具等对图像进行绘制与调整。

【操作步骤】

1）新建一个 640 像素×480 像素、分辨率为 150 像素/英寸的画布。

2）将背景填充为黑色。创建一个新图层，将前景色设置为红色（C：12；M：100；Y：100；K：22），选择工具箱中的自定义工具，在选择工具模式菜单中选择像素，单击"形状"下拉按钮，在弹出的下拉列表中选择心形形状；然后在画布中进行绘制，效果如图 7.18 所示。

图 7.18　绘制心形

3）按住【Ctrl】键的同时单击"图层 1"左侧的图层缩览图，将其载入选区，打开"路径"面板，单击面板底部的"从选区生成工作路径"按钮。将选区转换为路径后的效果如图 7.19 所示。

图 7.19　路径效果

4）选择工具箱中的画笔工具，在选项栏中单击"切换画笔面板"按钮，打开"画笔"面板。画笔笔尖形状选择"喷溅 46 像素"笔刷，设置"大小"为 80 像素，"间距"为 55%，如图 7.20 所示。之后选中"形状动态"复选框，设置大小抖动为 40%。

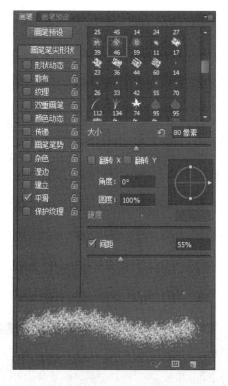

图 7.20　"画笔"面板

5）创建一个新图层，将前景色设置为红色（C：12；M：100；Y：100；K：22）。单击"路径"面板底部的"用画笔描边路径"按钮，描边后的效果如图 7.21 所示。

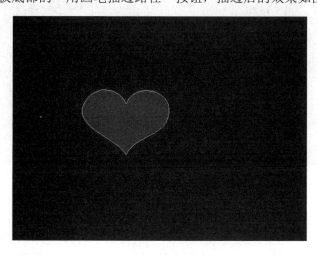

图 7.21　描边效果

6）打开已有的"素材.psd"文件，如图 7.22 所示。使用移动工具将素材图像文件中的"点"图层图像和"光圈"图层的图像移动到画布中，然后放到适当的位置，效果如图 7.23 所示。

图 7.22   "素材.psd"文件

图 7.23   添加点及光圈后的效果

7）创建一个新图层，将前景色设置为红色（C：12；M：100；Y：100；K：22）。选择工具箱中的圆角矩形工具。在选择工具模式菜单中选择像素，设置半径为 3 像素，然后在画布中绘制一个圆角矩形，效果如图 7.24 所示。

图 7.24 绘制圆角矩形

8）将刚绘制出的圆角矩形复制一份，然后选择移动工具，在选项栏中选中"显示变换控件"复选框，即可以对复制出的圆角矩形进行缩小，之后放置到合适的位置，效果如图 7.25 所示。

图 7.25 复制并调整圆角矩形

9）打开已有的"粉蝴蝶.jpg"和"蓝蝴蝶.jpg"图像文件。对两个蝴蝶图像文件都使用魔棒工具选中它们的白色背景区域，效果如图 7.26 和图 7.27 所示，然后选择"选择"→"反向"命令，将蝴蝶区域选中，如图 7.28 和图 7.29 所示。

图 7.26 用魔棒工具选择背景 1

图 7.27 用魔棒工具选择背景 2

图 7.28 反向操作 1

图 7.29 反向操作 2

10）使用移动工具将两幅图像选区内的蝴蝶图像移动到当前操作的画布上，然后对它们进行适当的缩放、旋转、变形，放到合适的位置，如图 7.30 所示。

11）按住【Ctrl】键的同时单击蓝蝴蝶所在图层，将蓝蝴蝶载入选区，之后将蓝蝴蝶填充为白色，如图 7.31 所示。

12）按住【Ctrl+Alt】组合键，再拖动鼠标，将选区中的白蝴蝶复制到当前层的其他位置。复制多个白蝴蝶至当前图层上，整体对该图层上的白蝴蝶进行缩放、旋转和变形等操作，如图 7.32 所示。

图 7.30 将蝴蝶图像叠加到画布上

图 7.31 填充白色

图 7.32 复制并整体调整白蝴蝶

13）最终整体效果如图 7.33 所示。

图 7.33 整体效果

实验 8　动画设计软件 Flash CS6 的使用

一、实验目的和要求

- 掌握移动动画、形变动画及图层动画的基本原理。
- 熟悉移动动画、形变动画及图层动画的制作方法。

二、实验内容

1. 移动动画的制作——物体的移动和显隐

【操作步骤】

（1）创建 ActionScript 3.0 文件

选择"文件"→"新建"命令，打开"新建文档"对话框，默认选择文件类型为"ActionScript 3.0"，如图 8.1 所示。

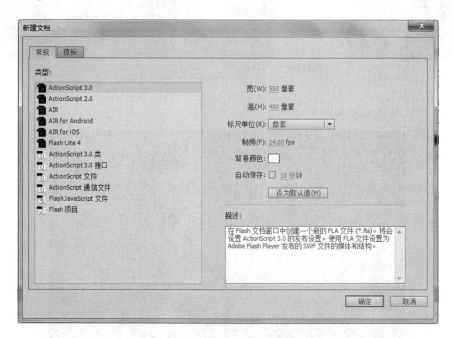

图 8.1　"新建文档"对话框

（2）绘制图形

在绘图工具箱中选择椭圆工具，并在"属性"面板中设置笔触颜色为无，填充颜色为渐变绿色，如图 8.2 所示。在编辑窗口的左边缘处绘制圆形。

（3）将圆形图形转换成元件

通过绘图工具箱中的选择工具选中刚刚绘制的圆形，选择"修改"→"转换为元件"命令，在打开的"转换为元件"对话框中设置"名称"为"圆形"，"类型"为"图形"，如图 8.3 所示，设置完成后，单击"确定"按钮。

图 8.2　椭圆工具"属性"面板　　　　图 8.3　"转换为元件"对话框

（4）创建关键帧

在第 35 帧处右击，在弹出的快捷菜单中选择"插入关键帧"命令，并将左边缘处的圆形平移到编辑区的中间位置。

注： 在平移圆形时，可以按住【Shift】键，避免圆形的位置上下移动。

（5）修改圆形元件属性

平移圆形后，在"属性"面板"色彩效果"选项组的"样式"下拉列表中选择"Alpha"选项，并将其值设置为"0"，如图 8.4 所示。

（6）创建关键帧及修改元件属性

在第 65 帧处右击，在弹出的快捷菜单中选择"插入关键帧"命令，并将第 35 帧处的圆形平移到编辑区的右边缘位置。在"属性"面板中将"Alpha"值设置为"100"。

（7）创建传统补间

在第 1～第 35 帧处的任意位置右击，在弹出的快捷菜单中选择"创建传统补间"命令；在第 35～第 65 帧处的任意位置右击，在弹出的快捷菜单中选择"创建传统补间"命令，时间轴效果如图 8.5 所示。

（8）测试动画

动画编辑完成，按【Ctrl+Enter】组合键测试动画效果。

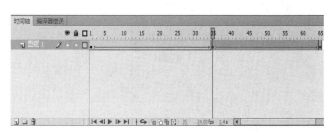

　　图 8.4　Alpha 属性设置　　　　　　　　　　图 8.5　时间轴效果

2. 形变动画的制作——文本的动态形变

【操作步骤】

（1）新建 ActionScript 3.0 文件

选择"文件"→"新建"命令，打开"新建文档"对话框，默认选择文件类型为"ActionScript 3.0"，如图 8.1 所示。

（2）输入文本

选择绘图工具箱中的文本工具，在编辑区输入"FLASH CS6"。

（3）修改文本属性

通过"属性"面板修改文本的属性。将"字符"选项组中的"系列"设置为"Arial"，并通过"字母间距"调整"FLASH CS6"单词各字母间的距离，颜色设置为绿色（用户自定义即可），如图 8.6 所示。

（4）分离文本

通过绘图工具箱中的选择工具选中"FLASH CS6"，然后选择"修改"→"分离"命令，将单词分离，再次选择"修改"→"分离"命令，将字母分离，两次分离后的文本效果如图 8.7 所示。分别选中单词中的各个字母，通过"属性"面板中的"颜色"属性修改每个字母的颜色，使各字母颜色不同（用户自定义颜色即可）。

（5）创建关键帧

分别在第 10 帧、第 20 帧、第 30 帧、第 40 帧、第 50 帧、第 60 帧处右击，在弹出的快捷菜单中选择"插入关键帧"命令。

（6）删除字母

在第 1 帧处保留字母"F"，删除其他字母；在第 10 帧处保留字母"L"，删除其他字母；以此类推，分别在第 20 帧、第 30 帧、第 40 帧、第 50 帧、第 60 帧处按字母顺序保留，并删除其他字母。

图 8.6　"属性"面板

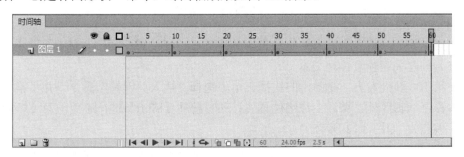

图 8.7　两次分离后的文本效果

（7）创建补间形状

各帧内容设置完成后，分别在第 1～第 10 帧、第 10～第 20 帧、第 20～第 30 帧、第 30～第 40 帧、第 40～第 50 帧、第 50～第 60 帧处任意位置右击，在弹出的快捷菜单中选择"创建补间形状"命令，时间轴效果如图 8.8 所示。

图 8.8　时间轴效果

（8）测试动画

动画编辑完成后，按【Ctrl+Enter】组合键测试动画效果。

3. 图层动画的制作——电影字幕

【操作步骤】

（1）新建 ActionScript 3.0 文件

选择"文件"→"新建"命令，打开"新建文档"对话框，默认选择文件类型为"ActionScript 3.0"，如图 8.1 所示。

（2）输入文本及元件转换

选择绘图工具箱中的文本工具，在编辑区输入文字"Flash CS6 是用于创建动画和多媒体内容的强大的创作平台。Flash CS6 设计身临其境，而且在台式计算机、平板电脑、智能手机和电视等多种设备中都能呈现一致效果的互动体验。"（文字内容用户也可自定义）。在文本工具"属性"面板中按图 8.9 所示内容设置字符属性。选中文字内容，选择"修改"→"转换为元件"命令，将文字转换为图形元件。

（3）改变场景显示比例

单击"场景"右上角的"场景显示比例"下拉按钮，在弹出的下拉列表中选择场景显示比例为"50%"，如图 8.10 所示。

图 8.9　"属性"面板　　　　　　　　图 8.10　场景显示比例

（4）移动文本

在第 1 帧处，将文本内容移至编辑区外靠近下边缘位置，如图 8.11 所示。

（5）创建关键帧及移动文本

在第 100 帧处右击，在弹出的快捷菜单中选择"插入关键帧"命令，并将第 1 帧处的文本移至编辑区外、靠近上边缘位置（移动时按住【Shift】键，避免与第 1 帧的文本位置有偏差），如图 8.12 所示。

图 8.11　第 1 帧处内容　　　　　　　图 8.12　第 100 帧处内容

（6）创建传统补间

各帧内容设置完成后，在"时间轴"面板第 1～第 100 帧的任意位置右击，在弹出的快捷菜单中选择"创建传统补间"命令。

（7）新建图层

在"时间轴"面板中，单击"新建图层"按钮，新建一个图层，修改图层 1 的名字为"文字"，图层 2 的名字为"背景"，如图 8.13 所示。

（8）绘制矩形

在"背景"图层中选择绘图工具箱中的矩形工具，在编辑区绘制一个矩形。

（9）设置渐变

选中绘制的矩形，在"颜色"面板中设置"线性渐变"，渐变效果为黑、白、黑，如图 8.14 和图 8.15 所示。

图 8.13　新建图层　　　　　　　　　图 8.14　"颜色"面板

（10）调整矩形位置

设置完颜色后，选择绘图工具箱中的渐变变形工具，调整矩形的位置，如图 8.16 所示。

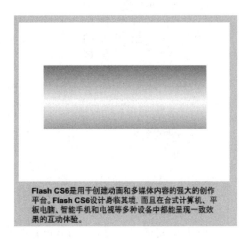

图 8.15　调整前的矩形　　　　　　　　　图 8.16　调整后的矩形

（11）匹配矩形与编辑区的大小

通过"对齐"面板中的"对齐"和"匹配大小"等属性，使调整后的矩形与编辑区的大小匹配，如图 8.17 和图 8.18 所示。

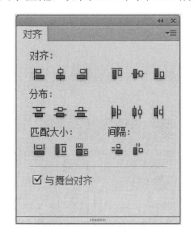

图 8.17　"对齐"面板　　　　　　　　　图 8.18　矩形与编辑区匹配

（12）设置"遮罩层"

在"时间轴"面板的"文字"图层上右击，在弹出的快捷菜单中选择"遮罩层"命令，将"文字"图层设置成"遮罩层"，如图 8.19 所示。

（13）设置背景颜色

选择"修改"→"文档"命令，打开"文档设置"对话框，将背景颜色设置成黑色，如图 8.20 所示。

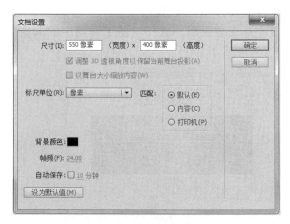

图 8.19　设置"遮罩层"　　　　　　　　图 8.20　"文档设置"对话框

（14）测试动画

动画编辑完成，按【Ctrl+Enter】组合键测试动画效果。

实验 9　HIS 系统门诊和出入院工作仿真实验

一、实验目的和要求

- 掌握门诊工作流程，包括门诊医生工作流程、门诊护士工作流程、患者就诊流程、医院信息系统运行的基本结果。
- 掌握住院管理系统、住院护士工作站、住院医生工作站等系统的功能。
- 熟悉患者信息、检查信息、患者费用信息、医生或护士工作量的查询等。
- 了解医院新系统的基础信息设置项目。
- 了解住院、出院流程和相应的医护人员的工作流程。

二、实验内容

1）设置医护人员工作账号，完成从患者挂号登记到拿药的全过程的角色扮演。

【操作步骤】

① 以超级用户账号和密码进入医院信息系统，并进入系统设置菜单，设置自己的实习账号和密码，同时设置实习账号的功能和角色，在设置角色时，要求科室设置为临床科室。

② 要求实习者扮演医生、护士、患者、挂号员、收费员、药剂师等角色，完成患者挂号，挂号员录入患者基本信息，挂号收费，门诊护士分诊，患者候诊，门诊医生对患者进行问诊检查，书写门诊病历，开处方，患者缴费，门诊药房取药各环节的工作模拟。

③ 在操作过程中要求用到门诊挂号系统、门诊收费系统、门诊工作站中患者相关信息的查询、工作量统计、费用统计等功能。

2）扮演患者、住院医生、住院护士、出入院管理员等角色并完成从患者入院登记到出院结账整个过程的医患双方角色扮演，熟悉工作流程和相应系统的功能。

【操作步骤】

① 要求扮演患者、住院医生、住院护士、出入院管理员等角色，完成出入院流程，熟悉出入院管理系统、住院护士工作站、住院医生工作站等子系统的功能。

② 以门诊工作仿真实验的实习账号进入系统，完成以下操作。

a. 进入出入院管理系统，为一个新患者办理入院手续，填写患者基本信息，预交金，选择入院科室进入住院护士工作站，以住院护士角色为患者安排床位、管床医生。

　　b. 进入医生工作站，完成为患者进行诊断，病案首页书写、开处方、检查检验单、申请单、首次病程，为患者开具出院带药诊断等环节。

　　c. 进入住院护士工作站，对医生开具的处方检查检验申请单等医嘱进行审核与执行。

　　d. 为患者办理退床手续。

　　e. 进入出入院管理系统，办理出入院手续，费用查询，结账出院。

第 2 部分　　《计算机应用基础》
　　各章习题

习题 1

一、选择题

1. 一个完整的计算机系统应包括（　　）。
   A. 主机和输入设备
   B. 运算器、控制器和主存储器
   C. 软件系统和硬件系统
   D. 主机和存储器开发信息管理系统

2. 内存储器有随机存储器和（　　）。
   A. RAM
   B. ROM
   C. 磁盘存储器
   D. 磁带存储器

3. 断电后信息会丢失的内存储器是（　　）。
   A. 硬盘
   B. RAM
   C. ROM
   D. 光盘

4. 中央处理器的重要作用是控制和（　　）。
   A. 存储
   B. 运算
   C. 显示
   D. 打印

5. CPU 能直接访问的部件是（　　）。
   A. 硬盘
   B. 软盘
   C. 内存储器
   D. 光盘

6. 下列外部设备中，属于输入设备的是（　　）。
   A. 绘图仪
   B. 鼠标
   C. 显示器
   D. 打印机

7. 下列外部设备中，属于输出设备的是（　　）。
   A. 扫描仪
   B. 键盘
   C. 绘图仪
   D. 光笔

8. 计算机能够直接识别（　　）。
   A. 二进制
   B. 八进制
   C. 十进制
   D. 十六进制

二、填空题

1．计算机系统由硬件系统和_____组成。
2．_____奠定了现代计算机的结构理论。
3．计算机软件系统包括系统软件和应用软件，操作系统属于_____。
4．CAI 的中文含义是_____。

习题 2

一、选择题

1. 系统的桌面是指（　　）。
   - A. 某个窗口
   - B. 整个屏幕
   - C. 当前窗口
   - D. 全部窗口

2. 在 Windows 7 中，硬盘上被删除的文件或文件夹将存放在（　　）中。
   - A. 内存
   - B. 外存
   - C. 剪贴板
   - D. 回收站

3. 在 Windows 7 中，为了实现中文与西文输入方式的切换，应按的键是（　　）。
   - A. 【Shift +空格】
   - B. 【Shift +Tab】
   - C. 【Ctrl+空格】
   - D. 【Alt+F6】

4. 在 Windows 7 中，为保护文件不被修改，可将它的属性设置为（　　）。
   - A. 只读
   - B. 存档
   - C. 隐藏
   - D. 系统

5. 更改 Windows 7 主题包括（　　）。
   - A. 更改桌面背景
   - B. 更改窗口颜色
   - C. 更改声音和屏幕保护程序
   - D. 以上全部正确

6. 打开快捷菜单的方式为（　　）。
   - A. 单击
   - B. 右击
   - C. 双击
   - D. 三击

7. Windows 7 操作系统是（　　）。
   - A. 单用户、单任务系统
   - B. 单用户、多任务系统
   - C. 多用户、单任务系统
   - D. 多用户、多任务系统

8. 将鼠标指针移至（　　）上拖拽，可以移动窗口位置。
   - A. 标题栏
   - B. 格式栏
   - C. 状态栏
   - D. 菜单栏

9. 在 Windows 7 的资源管理器中，已选定文件夹后，下列操作中不能删除该文件夹的操作是（　　）。
   - A. 在键盘上按【Delete】键
   - B. 双击该文件夹
   - C. 选择"文件"→"删除"命令
   - D. 右击该文件夹，在弹出的快捷菜单中选择"删除"命令

10. 不属于"附件"中常用工具的是（　　）。

    A．写字板　　　　　　　　　　　B．画图板

    C．记事本　　　　　　　　　　　D．360 杀毒软件

二、填空题

1. _____是一组功能强大的系统软件，合理组织计算机各部分协调工作，负责管理系统资源并为用户提供操作界面的系统软件的集合。

2. _____是位于屏幕底部的水平长条，从左到右依次有"开始"菜单按钮、快速启动区、当前任务按钮、通知区域和显示桌面区域。

3. 在 Windows 7 操作系统中，【Ctrl+C】是_____命令的组合键。

4. 在 Windows 7 操作系统中，文件的属性有两种，分别是_____和_____。

5. Windows 7 操作系统是_____公司开发的操作系统。

6. _____的目的是清理磁盘中的垃圾。

7. 在 Windows 7 操作系统中选定不连续的多个文件或文件夹时可先按住键盘上的_____键，然后再单击想要选择的文件或文件夹。按住_____键可以选定多个连续的文件或文件夹。

8. 磁盘由于反复写入和删除程序，会产生许多存储区域的碎片，可以使用_____进行整理。

9. 在 Windows 操作系统中，_____是一个小的应用程序，采用一个简单的文本编辑器进行文字信息的记录和存储。

10. _____可以确定一个文件的存放位置。

习题 3

一、选择题

1. 在 Word 2016 中保存当前正在编辑文件的组合键是（　　）。
   - A．【Ctrl+S】
   - B．【Ctrl+D】
   - C．【Ctrl+V】
   - D．【Ctrl+P】

2. 关于 Word 2016 中文版，下面说法错误的是（　　）。
   - A．Word 2016 中文版是微软（中国）有限公司开发的办公软件
   - B．Word 2016 提供了图文混排功能
   - C．Word 2016 充分体现了"所见即所得"的排版功能
   - D．因为 Word 2016 是一个字处理软件，所以不能对表格进行处理

3. 在 Word 2016 中，工具栏上（　　）按钮的作用是打开已有文档。
   - A．打开
   - B．保存
   - C．新建
   - D．打印

4. 在 Word 2016 中，工具栏上标有软磁盘图形的按钮的作用是（　　）文档。
   - A．打开
   - B．保存
   - C．新建
   - D．打印

5. 在 Word 2016 中，工具栏上标有剪刀图形的按钮的作用是（　　）选定对象。
   - A．打开
   - B．保存
   - C．新建
   - D．剪切

6. 在 Word 2016 中，工具栏上标有打印机图形的按钮的作用是（　　）文档。
   - A．打开
   - B．保存
   - C．新建
   - D．打印

7. 在 Word 2016 中，格式工具栏上标有"B"字母的按钮的作用是使选定对象（　　）。
   - A．变为斜体
   - B．变为粗体
   - C．加下划线
   - D．加下划波浪线

8. 在 Word 2016 中，格式工具栏上标有"I"字母的按钮的作用是使选定对象（　　）。
   - A．变为斜体
   - B．变为粗体
   - C．加下划线
   - D．加下划波浪线

9. 在 Word 2016 中，格式工具栏上标有"U"字母的按钮的作用是使选定对象（　　）。
   - A．变为斜体
   - B．变为粗体
   - C．加下划线单线
   - D．加下划波浪线

10. 在 Word 2016 中，如果要选定较长的文档内容，可先将光标定位于其起始位置，再按住（　　）键，单击其结束位置即可。

A. 【Ctrl】   B. 【Shift】

C. 【Alt】   D. 【Insert】

二、填空题

1. 在 Word 2016 中，只有在_____视图下可以显示水平标尺和垂直标尺。

2. 在 Word 2016 文档编辑区下方有一横向滚动条，可对文档页面作_____方向的滚动。

3. 在 Word 2016 表格中，一个表格单元可以_____成多个单元格。

4. 在输入文档时，按【Enter】键后，将产生_____符号。

5. 用户在编辑、查看或者打印已有的文档时，首先应当_____已有文档。

6. Word 2016 上的段落标记是在按键盘上的_____键之后产生的。

7. 在 Word 2016 文档编辑中，要完成修改、移动、复制、删除等操作，必须先_____要编辑的区域，使该区域反向显示。

8. 在 Word 2016 中，一次可以打开多个文档，多份文档同时打开在屏幕上，当前插入点所在的窗口称为_____窗口，处理中的文档称为活动文档。

9. 在 Word 2016 中，选定一个矩形区域的操作是将光标移动到待选择的文本的左上角，然后在按住_____键的同时拖动鼠标左键到文本块的右下角。

10. _____是文档每页顶部或者底部的描述性内容。

习题 4

一、选择题

1．在 Excel 2016 中新建一个工作簿时，系统默认的文件类型为（　　）。

　　A．pptx 　　　　　　B．xlsx 　　　　　　C．xls 　　　　　　D．docx

2．在 Excel 2016 中，最小的数据单元是（　　）。

　　A．工作簿 　　　　B．工作表 　　　　C．行或列 　　　　D．单元格

3．下列单元格属于绝对地址引用的为（　　）。

　　A．A1 　　　　　　B．$H$6 　　　　　C．B$3 　　　　　　D．$E4

4．在 Excel 2016 中，某个单元格显示为 "######"，其原因可能为（　　）。

　　A．与之有关的单元格数据被删除了　　　B．公式有错误

　　C．单元格列的宽度不够　　　　　　　　D．单元格行的高度不够

5．公式 SUM(B2:B6)表示（　　）。

　　A．求 B2～B6 这 5 个单元格的和

　　B．求 B2 和 B6 这 2 个单元格的和

　　C．求 B2～B6 这 5 个单元格的积

　　D．以上说法都不对

二、填空题

1．Excel 2016 生成的文件是一种二维表格，该文件称为工作簿，它由若干个_____构成。

2．在编辑工作表时，选择一些不连续的区域应借助_____键。

3．在 Excel 2016 中，进行分类汇总之前应先对工作表进行_____操作。

4．在 Excel 2016 中，B3 单元格的内容为 "=C3+D$3"，将 B3 单元格复制到同一工作表的 C5 单元格中，则该单元格的公式变为_____。

三、简答题

1．简述 Excel 2016 中工作簿、工作表、单元格的概念及三者之间的关系。

2．Excel 2016 中相对引用和绝对引用有什么差别？

3．如何在输入时区别数值 1234 和字符 1234？

习题 5

一、选择题

1. 进入幻灯片母版的方法是（　　）。
   A. 在"设计"选项卡中选择一个主题
   B. 在"视图"选项卡中单击"幻灯片浏览视图"按钮
   C. 在"文件"选项卡中选择"新建"选项下的样本模块
   D. 在"视图"选项卡中单击"幻灯片母版"按钮

2. 关于幻灯片母版的操作，在标题区或文本区添加各幻灯片都能够共有文本的方法是（　　）。
   A. 选择带有文本占位符的幻灯片版式
   B. 单击直接输入
   C. 使用文本框
   D. 使用模板

3. 在 PowerPoint 2016 中，下列说法错误的是（　　）。
   A. 在文档中可以插入音乐（如 CD 乐曲）
   B. 在文档中可以插入影片
   C. 在文档中插入多媒体内容后，放映时只能自动放映，不能手动放映
   D. 在文档中可以插入声音（如掌声）

4. PowerPoint 2016 自带很多图形形状，若将它们加入演示文稿中，应使用插入（　　）操作。
   A. 对象　　　　　B. 形状　　　　　C. 自选图形　　　D. 符号

5. 在 PowerPoint 2016 中选择了某种样本模板，幻灯片背景显示（　　）。
   A. 可以更换模板　B. 不改变　　　　C. 可以定义　　　D. 不能定义

6. 下列有关幻灯片备注信息的叙述中不正确的是（　　）。
   A. 在普通视图模式下，只能添加文本信息，并且可以设置文字的字形等属性
   B. 在幻灯片浏览视图模式下，只能添加文本备注信息，并且不能设置文字属性
   C. 在备注页视图模式下，用户可以加入任何备注信息
   D. 备注信息只能在屏幕上呈现给观众

7. 幻灯片在插入多幅图形后，为了方便调整和效果展示，可以对这些对象进行图形的（　　）功能操作。
   A. 组合　　　　　　　　　　　　　B. 自选图形为默认公式
   C. 转换为 MS Office 图形对象　　　D. 设置图片的更正格式

8．PowerPoint 2016 演示文稿文件的扩展名是（　　　）。

    A．.docx　　　　　　B．.pptx　　　　　　C．.bmp　　　　　　D．.xlsx

二、填空题

1．PowerPoint 2016 提供了一个共享按钮和菜单，能将与文件共享相关的所有操作全部罗列在该菜单中，其中包括使用电子邮件发送、保存到 SharePoint、保存到 Web，以及_____。

2．为了使所有幻灯片有统一的、特有的外观风格，可通过设置_____来实现。

3．制作演示文稿时，如果要设置每张幻灯片的播放时间，那么需要通过执行_____操作来实现。

4．在操作过程中，若希望深红色"阿拉丁"文字出现在宣传报告中所有的幻灯片左下方，则应该将这个对象添加到_____。

5．在选择文本框时有两种方式：用鼠标_____文本框边框和用鼠标_____画出虚线框。

6．插入幻灯片中的影片和声音通常有_____和_____两种播放方式，这是用户在插入剪辑或文件时就要设置的。

习题 6

一、选择题

1. 在计算机网络定义中，可以对网络起到管理作用的是（　　）。
   - A．网络协议
   - B．外部设备
   - C．通信线路
   - D．以上都不是

2. 计算机网络的基本功能包括（　　）。
   - A．综合信息服务
   - B．共享分布式处理
   - C．数据通信和资源共享
   - D．负载平衡和集中处理

3. 计算机网络中，TCP/IP 是一组（　　）。
   - A．支持同类型的计算机（网络）互连的通信协议
   - B．支持异种类型的计算机（网络）互连的通信协议
   - C．局域网技术
   - D．广域网技术

4. 计算机网络分类中，覆盖范围 5 千米以内的网络属于（　　）。
   - A．局域网
   - B．城域网
   - C．广域网
   - D．以上都不是

5. 以下不属于网络基本拓扑结构的是（　　）。
   - A．星形
   - B．树状
   - C．总线
   - D．环形

6. 下面传输介质提供的带宽最宽的是（　　）。
   - A．光纤
   - B．同轴电缆
   - C．双绞线
   - D．电话线

7. 常见的网络通信设备不包括（　　）。
   - A．集线器
   - B．网桥
   - C．交换机
   - D．媒体服务器

8. Internet 在中国被称为因特网或（　　）。
   - A．网中网
   - B．国际互联网
   - C．国际网
   - D．计算机网络系统

9. 下列叙述中，不正确的是（　　）。
   - A．FTP 提供了 Internet 上任意两台计算机之间相互传输文件的机制，因此它是用户获得大量 Internet 资源的方法之一
   - B．WWW 是利用超文本和超媒体技术组织和管理信息浏览或信息检索的系统
   - C．E-mail 是用户或者用户组之间通过计算机网络收发信息的服务
   - D．当拥有一台计算机和一部可连接互联网的智能手机时，只要在计算机上安装配置好无线局域网相关软件，再打开无线开关，便可以连接到互联网上

10．一个用户若想使用电子邮件功能，应当（　　　）。

    A．通过电话得到一个电子邮局的服务支持

    B．使自己的计算机通过网络得到网上一个 E-mail 服务器的服务支持

    C．把自己的计算机通过网络与附近的一个邮局连起来

    D．向附近的一个邮局申请，建立一个自己专用的信箱

二、填空题

1．计算机网络系统具有丰富的功能，其中最重要的两大功能是数据通信和_____。

2．要想在互联网上浏览网页信息，必须安装并运行一个被称为_____的软件。

3．局域网中的基本拓扑结构主要有总线、_____、环形 3 种。

4．_____是组成局域网的网络接口部件。它一般安装在计算机的主板上，实现与计算机总线的通信连接，解释并执行主机的控制命令。

5．与国际互联网相连的每台计算机都必须指定一个唯一的地址，称为_____。

6．互联网上的服务都是基于某种协议的，WWW 是基于_____协议的标准。

7．常用的导向传输介质包括双绞线、同轴电缆和_____。

8．局域网的网络硬件主要包括网络服务器、工作站、网络接口设备、_____和网络互联设备。

习题 7

一、选择题

1. （   ）不是工具栏中的工具。
   A．画笔工具
   B．吸管工具
   C．滤镜
   D．套索工具

2. 将图像以智能对象的形式添加到已经打开的图像中的操作叫作（   ）。
   A．打开文件
   B．置入文件
   C．导入文件
   D．粘贴图像

3. 使用椭圆选框工具创建选区时，按住【Shift】键可以（   ）。
   A．画出一正圆选区
   B．画出一椭圆选区
   C．画出一正方形选区
   D．画出一正多边形选区

4. 下面（   ）不可以实现图层的复制。
   A．选择"图层"→"复制图层"命令
   B．直接双击需要复制的图层
   C．右击图层名称，在弹出的快捷菜单中选择"复制图层"命令
   D．拖拽要复制的图层至"创建新图层"按钮上

5. （   ）不可以修复图像。
   A．渐变工具
   B．污点修复画笔工具
   C．仿制图章工具
   D．图案图章工具

6. 调整图像明暗的命令有（   ）。
   A．色相/饱和度
   B．色彩平衡
   C．替换颜色
   D．亮度/对比度

7. 运用（   ）可以在图像上绘制路径，然后选择文字工具沿着路径或形状输入文字。
   A．文字蒙版工具
   B．钢笔工具
   C．画笔工具
   D．铅笔工具

8. 在"路径"面板中不可以进行（   ）操作。
   A．添加蒙版图层
   B．修改路径
   C．描边路径
   D．填充路径

9. 在"通道"面板中，将通道作为选区载入，即可根据选中颜色通道的（　　）创建选区。

    A. 透明度　　　　　　　　　　B. 色彩

    C. 灰度值　　　　　　　　　　D. 对比度

10.（　　）是独立滤镜。

    A. 模糊滤镜　　　　　　　　　B. 像素化滤镜

    C. 杂色滤镜　　　　　　　　　D. 液化滤镜

二、填空题

1. Photoshop 默认的图像文件格式为_____。

2. 选择性粘贴图像有 3 种，分别是_____、_____和_____。

3. 魔棒工具用来选取图像中_____相似的区域。

4. "向下合并图层"命令，会使合并后的图层使用_____图层的名称。

5. 在图像或选区内填充颜色，可以使用的填充工具有_____和_____。

6. 常用色彩模式有_____、_____、_____、_____、_____和_____。

7. 使用横排文字蒙版工具和直排文字蒙版工具实际上只是在图像窗口创建一个文字形状的_____。

8. _____工具和_____工具，可以对已经创建好的路径进行添加和删除锚点。

9. 图层蒙版用像素化的图像来控制图像的显示与隐藏，而矢量蒙版用_____来控制图像的显示与隐藏。

10. 使用"滤镜库"命令，可以在图像上累积应用多个滤镜，或者重复应用单个滤镜，在"滤镜库"对话框中，每单击一次_____按钮，即可添加一个效果图层，增加一个制作滤镜，以便于在图像上应用多个滤镜。

习题 8

一、选择题

1. （　　）不是铅笔工具的模式。
   A．伸直　　　　　　B．平滑　　　　　　C．墨水　　　　　　D．形态

2. Flash 源文件的扩展名为（　　）。
   A．.avi　　　　　　B．.png　　　　　　C．.jpg　　　　　　D．.fla

3. （　　）定义了一个过程的起始和结束。
   A．关键帧　　　　　B．过渡帧　　　　　C．元件　　　　　　D．补间动画

4. 在"信息"面板中，可以查看选定实例的（　　）。
   A．位置和大小　　　B．名称和颜色　　　C．大小和类型　　　D．名称和位置

5. 计算机显示器所用的三原色指的是（　　）。
   A．RGB（红色、绿色、蓝色）
   B．CMY（青色、洋红、黄色）
   C．CMYK（青色、洋红、黄色、黑色）
   D．HSB（色泽、饱和度、亮度）

6. 在创建 Flash 动画之前，需要收集和整理的常见素材不包括（　　）。
   A．音效和背景音乐　　　　　　　B．图片
   C．程序　　　　　　　　　　　　D．视频剪辑

7. 元件的 3 种类型不包括（　　）。
   A．按钮元件　　　　　　　　　　B．图形元件
   C．影片剪辑元件　　　　　　　　D．文本元件

8. Flash 是一款（　　）软件。
   A．文字编辑排版　　　　　　　　B．交互式矢量动画编辑
   C．三维动画创作　　　　　　　　D．平面图像处理

9. （　　）工具用于选择对象。
   A．铅笔　　　　　　　　　　　　B．钢笔
   C．选择　　　　　　　　　　　　D．滴管

10. Flash "插入"菜单中，"关键帧"表示（　　）。
    A．删除当前的帧或选定的帧序列
    B．在时间线上插入了一个新的空白关键帧
    C．在时间线上插入一个新的关键帧
    D．清除当前位置上或选定的关键帧，在时间线上插入一个新的关键帧

二、填空题

1．_____用于组织和控制影片内容在一定时间内播放的层数和帧数。

2．按钮有 4 种状态，分别为_____、_____、_____、_____。

3．_____面板是存放元件的地方，用于存储和组织导入的元件，包括位图图形、声音文件和视频剪辑等。

4．两个关键帧之间的部分就是_____，它们是起始关键帧动作向结束关键帧动作变化的过渡部分。

5．_____面板可以处理多个对象的相应位置关系。

6．元件的种类有_____元件、_____元件、_____元件。

7．按_____组合键可以新建元件。

8．_____可以设置舞台背景。

9．Flash 中 3 种文本类型分别是：静态文本、_____和输入文本。

10．一个最简单的动画最少应该有_____个关键帧。

习题 9

一、选择题

1. 医院信息系统的英文缩写为（　　）。

    A．PACS   B．HIS   C．RIS   D．IIS

2. （　　）不是临床信息系统。

    A．电子病历系统   B．临床路径系统

    C．医院 OA 系统   D．实验室信息系统

3. 根据国家卫生健康委员会的要求，医院信息系统应满足的条件是（　　）。

    A．系统须保证 7 天×24 小时安全运行，并有冗余备份

    B．系统具有友好的用户界面，必须设置为鼠标与键盘同时进行操作的方式

    C．系统维护只需保证数据安全性操作、数据备份和恢复即可

    D．医院方无须考虑整个系统每年维护费用的持续投入

4. 住院患者入、出、转管理子系统用于医院住院患者登记管理，包括（　　），住院预交金管理、住院病历管理等功能。

    A．住院患者结算、费用录入

    B．病房诊治、患者结账

    C．打印收费细目和发票、欠款管理

    D．入院登记、床位管理

5. 住院信息管理系统用于对住院患者的入院、入科、转科、出院及（　　）进行管理。

    A．病案编目   B．住院费用

    C．医技辅助诊疗   D．药房诊治

6. 在整个医院信息系统中，住院信息管理系统作为一个核心组成部分，还负责向其他系统提供必需的（　　）和准确的临床信息，辅助管理部门进行医疗管理。

    A．费用信息   B．患者信息

    C．就诊信息   D．住院信息

7. （　　）不是医生工作站的功能。

    A．获取患者信息   B．划价收费

    C．记录病历   D．办理住院

8. （　　）不是门急诊信息管理系统的主要功能模块。

    A．挂号子系统   B．医生工作站子系统

    C．成本核算子系统   D．划价收费子系统

9. (　　) 不是门急诊管理的特点。

　　A. 接诊人数多　　　　　　　　B. 就诊环节多

　　C. 挂号方式多　　　　　　　　D. 数据交换量小

10. LIS 的中文名称是 (　　)。

　　A. 医学图像系统　　　　　　　B. 医学检验系统

　　C. 实验室信息系统　　　　　　D. 放射科信息系统

二、填空题

1. HIS 系统是_____。

2. LIS 系统是_____。

3. 医院信息系统划分为 5 个部分：_____、药品监督部分、经济管理部分、综合管理与统计分析部分、外部接口部分。

4. 门诊医生诊疗过程中需要使用到 HIS 系统中的_____工作站。

5. 住院医生诊疗住院患者过程中需要使用到 HIS 系统中的_____工作站。

6. _____是指利用计算机网络技术，实现临床检验室的信息采集、存储、处理、传输、查询，并提供分析及诊断支持的计算机软件系统。

7. _____是基于计算机和信息网络的电子病历收集、存储、显示、检索和处理系统。

8. 门诊医生工作站的基本流程是：分诊挂号、患者就诊、_____、医生确诊。

9. 住院医生工作站可以开具电子检查单、查询检验检查报告结果，通过与 PACS 系统和_____系统相连住院医生可以直接调用检验检查结果。

10. 医生开具了医嘱后，医嘱信息会自动传送到_____，由护士进行审核，若发现问题应及时提醒医生，以减少医疗差错。

第 3 部分　计算机应用

基础综合练习

1．下列字符中，ASCII 值最小的是（   ）。

    A．9   B．16   C．A   D．e

2．（   ）不是输入设备。

    A．音箱   B．光笔   C．键盘   D．扫描仪

3．一个完整的计算机系统应包括（   ）。

    A．主机和输入设备   B．运算器、控制器和主存储器

    C．软件系统和硬件系统   D．主机和存储器开发信息管理系统

4．断电后信息会丢失的内存储器是（   ）。

    A．ROM   B．RAM   C．硬盘   D．CD-ROM

5．数在计算机中以（   ）形式参加运算。

    A．二进制   B．十进制   C．二、十进制   D．其他形式

6．Windows 7 是（   ）。

    A．应用软件   B．操作系统   C．主机   D．输入设备

7．计算机病毒可以使整个计算机瘫痪，危害极大。计算机病毒是（   ）。

    A．一条命令   B．一段特殊的程序

    C．一种生物病毒   D．一种芯片

8．Word 软件是（   ）。

    A．操作系统   B．应用软件

    C．工具软件   D．数据库管理系统

9．系统软件中的核心软件是（   ）。

    A．操作系统   B．语言处理程序

    C．工具软件   D．数据库管理系统

10．硬盘工作时应特别注意避免（   ）。

    A．噪声   B．震动   C．潮湿   D．日光

11．可以与微型计算机中的辅助存储器直接进行数据传递的部件是（   ）。

    A．运算器   B．内存储器   C．控制器   D．中央处理器

12．在下列各不同进制的数据中，最小的数是（   ）

    A．$(50.25)_{10}$ B．$(32.2)_{16}$ C．$(110011.01)_2$ D．$(67.32)_8$

13．RAM 属于（   ）。

    A．随机存取存储器   B．只读存储器

    C．磁盘存储器   D．顺序存储器

14．键盘上能够实现插入、改写转换的按键是（   ）。

    A．【Page Up】   B．【Insert】

    C．【Page Down】   D．【Home】

15．英文字母 B 的 ASCII 值存放在计算机内占用的二进制位的个数是（   ）。

    A．1   B．4   C．7   D．8

16. 在 Word 中，要想在表格的底部增加一空白行，正确的操作是（　　）。

    A．选定表格的最后一行，选择"表格"→"插入"→"行（在上方）"命令

    B．将插入点移到表格右下角的单元格中，按【Tab】键

    C．将插入点移到表格右下角的单元格中，按【Enter】键

    D．将插入点移到表格最后一行的任意单元格中，按【Enter】键

17. Windows 7 中的剪贴板是（　　）。

    A．硬盘中的一块区域　　　　　　　　B．内存中的一块区域

    C．软盘中的一块区域　　　　　　　　D．高速缓存中的一块区域

18. 在 Windows 7 中，为了实现中文与英文输入方式的切换，应按的组合键是
（　　）。

    A．【Shift+Tab】　　　　　　　　　　B．【Shift+空格】

    C．【Alt+F6】　　　　　　　　　　　D．【Ctrl+空格】

19. 在 Excel 中，如果工作表中部分单元格显示的是金额，那么这些单元格应该设
置的数字形式是（　　）。

    A．常规　　　　　B．日期　　　　　C．货币　　　　　D．金额

20. 在 Excel 中，公式 MIN(B4:B6)表示（　　）。

    A．求 B4～B6 这 3 个单元格数据的最小值

    B．求 B4～B6 这 3 个单元格数据的和

    C．求 B4～B6 这 3 个单元格数据的最大值

    D．求 B4～B6 这 3 个单元格数据的差

21. 下列叙述中不正确的是（　　）。

    A．计算机病毒有传染性　　　　　　　B．计算机病毒有隐蔽性

    C．计算机病毒会影响人的健康　　　　D．计算机病毒能自我复制

22. 下列关于回收站的说法正确的是（　　）。

    A．回收站保存了所有系统文件　　　　B．回收站中的文件不能再次使用

    C．回收站中的文件只能保存 30 天　　D．回收站中的文件可以还原

23. 在记事本中，选定内容并复制后，复制的内容放在（　　）中。

    A．任务栏　　　　B．剪贴板　　　　C．硬盘　　　　　D．回收站

24. 在 Windows 的剪贴板操作中，"粘贴"命令的组合键是（　　）。

    A．【Ctrl+C】　　B．【Ctrl+I】　　C．【Ctrl+V】　　　D．【Ctrl+Z】

25. 在微型计算机中，控制器的基本功能是（　　）。

    A．存储各种控制信息

    B．保持各种控制状态

    C．控制机器各个部件协调一致地工作

    D．实现算术运算和逻辑运算

26. 与十六进制数 48 等值的二进制数是（　　）。

    A. 01001000　　　B. 11001000　　　C. 01000100　　　D. 01001100

27. 按计算机的应用领域来划分，专家系统属于（　　）。

    A. 人工智能　　　B. 数据处理　　　C. 辅助设计　　　D. 实时控制

28. 英文缩写 RAM 的中文含义是（　　）。

    A. 软盘存储器　　　　　　　　B. 硬盘存储器

    C. 随机访问存储器　　　　　　D. 只读存储器

29. 在以下各项中，均为计算机硬件的是（　　）。

    A. 鼠标、Windows 和 ROM　　　　B. ROM、RAM 和 OFFICE

    C. RAM、OFFICE 和 CPU　　　　D. 硬盘、U 盘和 CD-ROM

30. 在 Word 的"字体"对话框中，可设置多种文字格式，但不能设定文字的（　　）。

    A. 行距　　　　B. 字间距　　　C. 颜色　　　　D. 下划线

31. 在 Excel 中，将下列概念按由大到小（即包含关系）的次序排列，排列次序正确的是（　　）。

    A. 单元格、工作簿、工作表　　　B. 工作簿、单元格、工作表

    C. 工作表、工作簿、单元格　　　D. 工作簿、工作表、单元格

32. Internet 的中文含义是（　　）。

    A. 万维网　　　B. 局域网　　　C. 国际互联网　　D. 广域网

33. 某公司的进出口项目管理软件属于（　　）。

    A. 应用软件　　　B. 系统软件　　　C. 画图软件　　　D. 文字处理软件

34. 在 Windows 系统中，要设置屏幕保护，可在（　　）中进行。

    A. 计算机　　　B. 控制面板　　　C. 网上邻居　　　D. 资源管理器

35. 在十六进制中，基本数符 D 表示十进制数中的（　　）。

    A. 15　　　　　B. 12　　　　　C. 11　　　　　D. 13

36. Windows 7 中，不能在任务栏内进行的操作是（　　）。

    A. 设置系统日期的时间　　　　B. 排列桌面图标

    C. 排列和切换窗口　　　　　　D. 启动"开始"菜单

37. 下列传输介质中，（　　）可以提供的带宽最高。

    A. 光纤　　　　B. 同轴电缆　　　C. 双绞线　　　D. 电话线

38. 在一栋大楼内布设的网络属于（　　）。

    A. 局域网　　　B. 城域网　　　C. 广域网　　　D. 以上都不是

39. Word 中复制字符和段落格式可利用（　　）。

    A. 格式刷　　　B. 粘贴　　　　C. 复制　　　　D. 剪切

40. 在 Excel 中，组成表格的最小单位是（　　）。

    A. 工作簿　　　B. 工作表　　　C. 行或列　　　D. 单元格

41．在 Excel 中对 C4 单元格绝对引用的地址为（　　　）。

    A．%C%4　　　　　B．$C4　　　　　C．C$4　　　　　D．$C$4

42．下列各项中，不能作为互联网的 IP 地址的是（　　　）。

    A．182.36.0.254　　　　　　　　B．202.1.1.142

    C．130.121.2.255　　　　　　　　D．220.0.1.236

43．下列关于操作系统的叙述中，正确的是（　　　）。

    A．操作系统是软件和硬件之间的接口

    B．操作系统是源程序和目标程序之间的接口

    C．操作系统是用户和计算机之间的接口

    D．操作系统是主机和外设之间的接口

44．Windows 的目录结构采用的是（　　　）。

    A．树状目录　　　B．线形结构　　　C．层次结构　　　D．网状结构

45．在 Word 的编辑状态下，可以同时显示水平标尺和垂直标尺的视图方式是
（　　　）。

    A．普通视图　　　B．页面视图　　　C．大纲视图　　　D．全屏幕显示

46．计算机将程序和数据同时存放在机器的（　　　）中。

    A．控制器　　　　　　　　　　　B．存储器

    C．输入/输出设备　　　　　　　　D．运算器

47．下列给出的部件全部是微型计算机主机的组成部分的是（　　　）。

    A．RAM、ROM 和硬盘　　　　　　B．CPU、RAM 和 I/O 接口电路

    C．CPU、RAM 和软盘　　　　　　D．ROM、I/O 总线和光盘

48．直接影响屏幕显示清晰度的是（　　　）。

    A．对比度　　　B．显示分辨率　　　C．亮度　　　D．屏幕尺寸

49．机器语言程序在机器内部以（　　　）编码形式表示。

    A．条形码　　　B．拼音码　　　C．内码　　　D．二进制码

50．IP 的中文含义是（　　　）。

    A．信息协议　　　　　　　　　　B．内部协议

    C．传输控制协议　　　　　　　　D．网际协议

51．电子邮件（E-mail）是（　　　）。

    A．具有一定格式的通信地址　　　B．以磁盘为载体的电子信件

    C．网上一种信息交换的通信方式　D．计算机硬件的地址

52．在菜单中，前面有"·"标记的项目表示（　　　）。

    A．复选选中　　　B．单选选中　　　C．有子菜单　　　D．有对话框

53．Word 生成的文件扩展名是（　　　）。

    A．.doc 或.docx　　　B．.xls　　　C．.txt　　　D．.wps

54．Excel 中处理并存储数据的基本工作单位是（　　　）。

    A．工作簿　　　B．工作表　　　C．单元格　　　D．活动单元格

55．奠定了现代计算机结构理论的科学家是（　　）。

    A．诺贝尔　　　　B．爱因斯坦　　　　C．冯·诺依曼　　　D．图灵

56．CAI 的中文含义是（　　）。

    A．计算机辅助设计　　　　　　　　　B．计算机辅助制造

    C．计算机辅助工程　　　　　　　　　D．计算机辅助教学

57．下列表示一个完整的计算机系统的是（　　）。

    A．主机、键盘、显示器　　　　　　　B．主机和它的外围设备

    C．系统软件和应用软件　　　　　　　D．硬件系统和软件系统

58．下列存储器中，不能长期保留信息的是（　　）。

    A．光盘　　　　　B．磁盘　　　　　　C．RAM　　　　　D．ROM

59．硬盘主引导区的作用是（　　）。

    A．检查写保护　　　　　　　　　　　B．读写时定位

    C．防止磁盘晃动　　　　　　　　　　D．存放硬盘分区表

60．既是输入设备又是输出设备的是（　　）。

    A．触摸屏　　　　　　　　　　　　　B．显示器

    C．CD-ROM 光盘　　　　　　　　　　D．鼠标

61．根据软件的功能和特点，计算机软件一般可分为（　　）。

    A．系统软件和非系统软件　　　　　　B．系统软件和应用软件

    C．应用软件和非应用软件　　　　　　D．系统软件和管理软件

62．计算机每次启动时被运行的计算机病毒称为（　　）。

    A．恶性病毒　　　　　　　　　　　　B．良性病毒

    C．引导型病毒　　　　　　　　　　　D．文件型病毒

63．根据计算机语言及发展的历程，下列排列顺序正确的是（　　）。

    A．高级语言、机器语言、汇编语言

    B．机器语言、汇编语言、高级语言

    C．机器语言、高级语言、汇编语言

    D．汇编语言、机器语言、高级语言

64．剪贴板是在（　　）开辟的一个特殊存储区域。

    A．硬盘　　　　　B．外存　　　　　　C．内存　　　　　D．窗口

65．在菜单中，后面有"…"标记的命令表示（　　）。

    A．开关命令　　　B．单选命令　　　　C．有子菜单　　　D．有对话框

66．桌面上的图标可以用来表示（　　）。

    A．最小化的窗口　　　　　　　　　　B．关闭的窗口

    C．文件、文件夹或快捷方式　　　　　D．无意义

67．下列不能插入 Word 文档中的是（　　）。

    A．图片　　　　　B．文本框　　　　　C．表格　　　　　D．文件夹

68．关于电子计算机的特点，以下论述错误的是（　　　）。

    A．运算速度快　　　　　　　　　B．运算精度高

    C．具有记忆和逻辑判断能力　　　D．自动运行，不能人工干预

69．CAD 的中文含义是（　　　）。

    A．计算机辅助设计　　　　　　　B．计算机辅助制造

    C．计算机辅助工程　　　　　　　D．计算机辅助教学

70．下列计数制的写法中，错误的是（　　　）。

    A．1256　　　　B．1042B　　　　C．5201O　　　　D．1010H

71．计算机能够直接识别的是（　　　）。

    A．二进制　　　　B．八进制　　　　C．十进制　　　　D．十六进制

72．下列关于"Byte"的说法正确的是（　　　）。

    A．数据的最小单位，即二进制数的 1 位

    B．基本存储单位，对应 8 位二进制位

    C．基本运算单位，对应 8 位二进制位

    D．基本运算单位，二进制位数不固定

73．下列决定计算机运算精度的是（　　　）。

    A．主频　　　　B．字长　　　　C．内存容量　　　　D．硬盘容量

74．下列处于软件系统最内层的是（　　　）。

    A．语言处理系统　　　　　　　　B．用户程序

    C．服务型程序　　　　　　　　　D．操作系统

75．软件系统中控制和管理全部软、硬件资源的是（　　　）。

    A．应用程序　　　　　　　　　　B．操作系统

    C．语言处理程序　　　　　　　　D．工具软件

76．人们针对某一需要而为计算机编制的指令序列称为（　　　）。

    A．指令　　　　B．程序　　　　C．命令　　　　D．指令系统

77．可以将任务栏拖动到（　　　）。

    A．桌面横向中部　　　　　　　　B．桌面纵向中部

    C．桌面四个边缘位置均可　　　　D．任意位置

78．控制面板上显示的图标数目（　　　）。

    A．与系统安装无关　　　　　　　B．与系统安装有关

    C．随应用程序的运行变化　　　　D．不随应用程序的运行变化

79．显示/撤销 Word 各种工具栏的操作是（　　　）。

    A．通过菜单栏"视图"下拉菜单　　B．通过"开始"菜单

    C．通过菜单栏"工具"下拉菜单　　D．通过任务栏

80．Word 属于（　　　）。

    A．操作系统　　　　　　　　　　B．数据库管理系统

    C．文字处理系统　　　　　　　　D．通信软件

81. ASCII 是字符编码，标准 ASCII 编码用（　　）个二进制位表示一个字符。

    A. 7　　　　　　B. 8　　　　　　C. 10　　　　　　D. 16

82. 下列属于计算机广域网的是（　　）。

    A. 企业网　　　B. 国家网　　　C. 校园网　　　D. 三者都不符合

83. 计算机网络系统中每台计算机的地位都是（　　）。

    A. 相互控制的　　　　　　　　B. 相互制约的

    C. 各自独立的　　　　　　　　D. 毫无联系的

84. Word 文档的表格数据不具有（　　）功能。

    A. 求和　　　B. 排序　　　C. 筛选　　　D. 求平均值

85. 当前计算机正在向（　　）方向发展。

    A. 微型机和小型机　　　　　　B. 微型机和便携机

    C. 微型机和巨型机　　　　　　D. 巨型机和小型机

86. 冯·诺依曼计算机工作原理的核心是（　　）。

    A. 顺序存储和程序控制　　　　B. 存储程序和程序控制

    C. 集中存储和程序控制　　　　D. 运算存储分离

87. 每片磁盘的信息存储在很多个不同直径的同心圆上，这些同心圆称为（　　）。

    A. 扇区　　　B. 磁道　　　C. 磁柱　　　D. 以上都不对

88. 显示器属于（　　）。

    A. 主机的一部分　B. 一种存储器　C. 输入设备　D. 输出设备

89. 下列不属于计算机病毒具有的特性的是（　　）。

    A. 传染性　　　B. 潜伏性　　　C. 自我复制　　　D. 自行消失

90. 计算机网络协议是（　　）。

    A. 用户操作规范　　　　　　　B. 硬件电气规范

    C. 通信规则或约定　　　　　　D. 程序设计语法

91. 在菜单中，前面有"√"标记的项目表示（　　）。

    A. 复选选中　　B. 单选选中　　C. 有级联菜单　　D. 有对话框

92. 关于放入回收站的内容如何进一步处理，下列说法正确的是（　　）。

    A. 不能再被删除了　　　　　　B. 只能被恢复到原处

    C. 可以直接编辑修改　　　　　D. 可以真正删除

93. 打印机是（　　）。

    A. 主机的一部分　　　　　　　B. 一种存储器

    C. 输入设备　　　　　　　　　D. 输出设备

94. 将汇编语言源程序翻译成机器语言程序，需要使用（　　）。

    A. 汇编程序　　B. 解释程序　　C. 连接程序　　D. 编译程序

95. 利用 FTP 功能可以在网上实现（　　）。

    A. 只传输文本文件

    B. 只传输二进制码格式的文件

　　　C．传输任何类型的文件

　　　D．传输直接从键盘上输入的数据，不是文件

96．计算机网络系统中的资源可分成三大类，除了软件资源和硬件资源，还有
（　　　）。

　　　A．设备资源　　　B．程序资源　　　C．数据资源　　　D．文件资源

97．快捷方式确切的含义是（　　　）。

　　　A．特殊文件夹　　　　　　　　　B．特殊磁盘文件

　　　C．各类可执行文件　　　　　　　D．指向某对象的指针

98．微型计算机常用的针式打印机属于（　　　）。

　　　A．击打式点阵打印机　　　　　　B．击打式字模打印机

　　　C．非击打式点阵打印机　　　　　D．激光打印机

99．鼠标是（　　　）。

　　　A．主机的一部分　　　　　　　　B．一种存储器

　　　C．输入设备　　　　　　　　　　D．输出设备

100．在描述网络数据传输速率中，b/s 表示（　　　）。

　　　A．每秒传输的字节数　　　　　　B．每秒传输的指令数

　　　C．每秒传输的字数　　　　　　　D．每秒传输的比特位数

第4部分　计算机等级考试(二级)模拟试题

模拟试题 1

一、选择题

1. 算法的时间复杂度是指（   ）。
   - A．算法中的指令条数
   - B．执行算法所需要的时间
   - C．算法的长度
   - D．算法执行过程中所需要的基本运算次数

2. 检查软件产品是否符合需求定义的过程称为（   ）。
   - A．确认测试   B．路径测试   C．验证测试   D．需求测试

3. 面向对象方法中，继承是指（   ）。
   - A．一组对象所具有的相似性质   B．一个对象具有另一个对象的性质
   - C．各对象之间的共同性质   D．类之间共享属性和操作的机制

4. 内聚性是对模块功能强度的衡量，下列选项中内聚性较弱的是（   ）。
   - A．顺序内聚   B．偶然内聚   C．时间内聚   D．逻辑内聚

5. 在关系中凡能唯一标识元组的最小属性集称为该表的键或码。二维表中可能有若干个键，它们称为该表的（   ）。
   - A．连接码   B．关系码   C．外码   D．候选码

6. 以下数据结构中，属于非线性数据结构的是（   ）。
   - A．栈   B．线性表   C．队列   D．二叉树

7. 数据结构中，与所使用的计算机无关的是数据的（   ）。
   - A．存储结构   B．物理结构   C．逻辑结构   D．线性结构

8. 待排序的关键码序列为（15，20，9，30，67，65，45，90），要按关键码值递增的顺序排序，采取简单选择排序法，第一趟排序后关键码 15 被放到第（   ）个位置。
   - A．2   B．3   C．4   D．5

9. 下列叙述中，正确的是（   ）。
   - A．计算机病毒只在可执行文件中传染，不执行的文件不会传染
   - B．计算机病毒主要通过读/写移动存储器或 Internet 网络进行传播
   - C．只要删除所有感染了病毒的文件就可以彻底消除病毒
   - D．计算机杀毒软件可以查出和清除任意已知的和未知的计算机病毒

10. 下列选项中，不属于数据管理员职责的是（   ）。
    - A．数据库维护   B．数据库设计
    - C．改善系统性能，提高系统效率   D．数据类型转换

11．世界上公认的第一台电子计算机诞生的年份是（　　）。

    A．1943   B．1946   C．1950   D．1951

12．一个完整的计算机系统应该包括（　　）。

    A．主机、鼠标、键盘和显示器

    B．系统软件和应用软件

    C．硬件系统和软件系统

    D．主机、显示器、键盘和音箱等外部设备

13．下列关于 ASCII 的叙述中，正确的是（　　）。

    A．国际通用的 ASCII 是 8 位码

    B．所有大写英文字母的 ASCII 值都小于小写英文字母"a"的 ASCII 值

    C．所有大写英文字母的 ASCII 值都大于小写英文字母"a"的 ASCII 值

    D．标准 ASCII 编码表有 256 个不同的字符编码

14．支持子程序调用的数据结构是（　　）。

    A．栈   B．树   C．队列   D．二叉树

15．下列叙述中，正确的是（　　）。

    A．高级程序设计语言的编译系统属于应用软件

    B．高速缓冲存储器（Cache）一般用 SRAM 来实现

    C．CPU 可以直接存取硬盘中的数据

    D．存储在 ROM 中的信息断电后会全部丢失

16．下列叙述中正确的是（　　）。

    A．栈是一种先进先出的线性表   B．队列是一种后进先出的线性表

    C．栈与队列都是非线性结构   D．以上 3 种说法都不对

17．计算机能直接识别的语言是（　　）。

    A．高级程序语言   B．机器语言

    C．汇编语言   D．C++语言

18．ROM 中的信息是（　　）。

    A．由生产厂家预先写入的

    B．在安装系统时写入的

    C．根据用户需求不同，由用户随时写入的

    D．由程序临时存入的

19．下列数据结构中，属于非线性结构的是（　　）。

    A．循环队列   B．带链队列   C．二叉树   D．带链栈

20．假设某台式计算机的内存储器容量为 256MB，硬盘容量为 20GB，则硬盘的容量是内存容量的（　　）。

    A．4 倍   B．60 倍   C．80 倍   D．100 倍

二、操作题

1．文字处理。

某公司为宣传公司的产品，需制作宣传画。请利用已有的 Word 文档中的内容，制作一份宣传画，要求如下。

1）调整文档版面，要求页面高 15 厘米，宽 26 厘米，上、下页边距均为 2 厘米，左、右页边距均为 3 厘米。

2）将"宣传画背景图片.jpg"图片设置为宣传画背景。

3）根据页面布局需要，调整宣传画内容中标题和正文的段间距。

4）调整宣传画内容文字的字号、字体和颜色。

5）保存本次活动的宣传海报设计，并命名为"word.docx"。

2．电子表格。

某公司销售小王要统计分析当年各业务员销售情况，请按下列要求帮助小王完成报表。

1）将标题进行合并并居中。

2）将第一列"编号"列设为文本，将所有销售量列设为只保留整数数值；适当加大行高、列宽，改变字体、字号，设置对齐方式，增加适当的边框和底纹以使工作表更加美观。

3）利用"条件格式"功能将第一季度和第二季度中低于 400 的销售量所在单元格以一种文本颜色表示，其他两季度中大于 800 的销售量用另一种文本颜色表示。

4）利用 SUM 和 AVERAGE 函数计算每个业务员的平均销售量和总销售量。

5）复制工作表"全年销售业绩"，将副本放置到原表之后；改变该副本表标签的颜色，并重新命名，新表需包含"分类汇总"字样。

3．演示文稿。

小张是一名校医，最近要对学生进行流感预防知识宣传，小张已经整理了一份演示文稿，请打开该文档进行美化，要求如下。

1）在第 1 张幻灯片中建立 1～5 个方框的链接，单击方框时，可转化到与其相对应的幻灯片上，同时取消每张幻灯片的单击切换功能；另外为第 2～第 6 张幻灯片各自定义一个图形链接，要求图形中包含"返回"字样。

2）为第 2 张幻灯片设置一个图案填充效果。

3）为第 4 张幻灯片内容设置一个进入动画效果。

4）在第 5 张幻灯片中插入"插图.jpg"文件。

5）为第 6 张幻灯片设计一个切换效果，并添加一个声音效果。

6）保存制作完成的演示文稿。

模拟试题 2

一、选择题

1. 数据结构主要研究的是数据的逻辑结构、数据的运算和（　　）。
   A．数据的逻辑存储　　　　　　　　B．数据的对象
   C．数据的存储结构　　　　　　　　D．数据的方法

2. 一棵二叉树的前序遍历结果是 ABCDEF，中序遍历结果是 CBAEDF，则其后序遍历结果是（　　）。
   A．DBACEF　　　B．CBEFDA　　　C．FDAEBC　　　D．DFABEC

3. 开发软件所需要的高成本和产品的低质量之间有着尖锐的矛盾，这种现象称为（　　）。
   A．软件矛盾　　　B．软件危机　　　C．软件耦合　　　D．软件产生

4. 在数据库系统的内部结构体系中，索引属于（　　）。
   A．概念模式　　　B．内模式　　　C．外模式　　　D．模式

5. （　　）不属于对象的基本特征。
   A．继承性　　　B．封装性　　　C．分类性　　　D．多态性

6. 数据库系统的核心是（　　）。
   A．数据模型　　　　　　　　　　　B．软件开发
   C．数据库设计　　　　　　　　　　D．数据库管理系统

7. 在数据处理中，其处理的最小单位是（　　）。
   A．数据　　　B．数据项　　　C．数据结构　　　D．数据元素

8. 关系模型允许定义 3 类数据约束，下列不属于数据约束的是（　　）。
   A．实体完整性约束　　　　　　　　B．参照完整性约束
   C．属性完整性约束　　　　　　　　D．用户自定义完整性约束

9. 关系表中的每一行记录称为一个（　　）。
   A．字段　　　B．元组　　　C．属性　　　D．关键码

10. 计算机网络是一个（　　）。
    A．管理信息系统　　　　　　　　　B．编译系统
    C．在协议控制下的多机互联系统　　D．网上购物系统

11. 办公自动化（OA）是计算机的一大应用领域，按计算机应用的分类，它属于（　　）。
    A．科学计算　　　B．辅助设计　　　C．过程控制　　　D．信息处理

12．如果在一个非零无符号二进制整数之后添加两个 0，则次数的值为原数的（　　）。

　　A．4 倍　　　　　B．2 倍　　　　　C．1/2　　　　　D．1/4

13．二进制数 111111 转换成十进制数是（　　）。

　　A．71　　　　　B．65　　　　　C．63　　　　　D．62

14．运算器的完整功能是进行（　　）。

　　A．逻辑运算　　　　　　　　　　B．算术运算和逻辑运算

　　C．算术运算　　　　　　　　　　D．逻辑运算和微积分运算

15．计算机操作系统通常具有的五大功能，分别是（　　）。

　　A．CPU 管理、显示器管理、键盘管理、打印机管理和鼠标管理

　　B．硬盘管理、软盘驱动器管理、CPU 管理、显示器管理和键盘管理

　　C．CPU 管理、存储管理、文件管理、设备管理和作业管理

　　D．启动、打印、显示、文件存储和关联

16．下列软件中，不是操作系统的是（　　）。

　　A．Linux　　　　B．UNIX　　　　C．MS DOS　　　D．MS Office

17．CPU 主要技术性能指标有（　　）。

　　A．字长、运算速度和时钟主频　　B．可靠性和精度

　　C．耗电量和效率　　　　　　　　D．冷却效率

18．结构化程序所要求的基本结构不包括（　　）。

　　A．顺序结构　　　　　　　　　　B．GOTO 跳转

　　C．选择（分支）结构　　　　　　D．重复（循环）结构

19．下列关于计算机病毒的叙述中，错误的是（　　）。

　　A．反病毒软件可以查杀任何种类的病毒

　　B．计算机病毒是人为制造的、企图破坏计算机功能或计算机数据的一段小
　　　　程序

　　C．反病毒软件必须随着新病毒的出现而升级，提高查杀病毒的功能

　　D．计算机病毒具有传染性

20．下列排序方法中，最坏情况下比较次数最少的是（　　）。

　　A．冒泡排序　　　　　　　　　　B．简单选择排序

　　C．直接插入排序　　　　　　　　D．堆排序

二、操作题

1．文字处理。

现有新闻稿件一篇"长征五号首飞.docx"，请按下列要求完成设置和制作。

1）设置页边距上、下、左、右均为 3 厘米，装订线在左侧，设置文字水印页面背景，文字为"长征 5 号"，水印版式为斜式。

2）设置文字第 1 段为标题，设置第 2 段为副标题；改变段间距和行间距。

3）设置第 3～第 8 段文字，要求首行缩进 2 字符。将第 4 段的段首"长征五号是名副其实的'膀大腰圆'。"设置为斜体、加粗、红色，加双下划线。

4）在文档最后插入一个 2 列 5 行的表格。

2．电子表格。

某公司拟对某产品近两年销售情况进行统计分析，请按以下操作要求完成表格。

1）分别在"第一年销售情况表"和"第二年销售情况表"工作表内，计算"第一年销售额"和"第二年销售额"列的值，均为数值型，保留小数点后 0 位。

2）在"汇总图表"内计算"近两年销售总量"和"近两年销售总额"列的值，均为数值型，保留小数点后 0 位；在不改变原有数据顺序的情况下，按近两年销售总额给出销售额排名。

3）根据"汇总图表"内 A1:E21 单元格区域内容，建立数据透视表，行标签为"产品型号"，列标签为"产品类别代码"，求和计算近两年销售额的总计，将表置于工作表中以 G1 为起点的单元格区域内。

3．演示文稿。

根据素材"火车的发展简史.docx"，按下列要求制作演示文稿。

1）使文稿包含 8 张幻灯片，设计第 1 张为"标题幻灯片"版式，第 2 张为"仅标题"版式，第 3～第 7 张为"两栏内容"版式，第 8 张为"空白"版式，所有幻灯片统一设置背景样式，要求有预设颜色。

2）第 1 张幻灯片标题为"火车发展简史"，第 2 张幻灯片标题为"火车发展的几个阶段"。

3）第 3～第 7 张幻灯片，标题内容分别为素材中各段的标题；左侧为文字介绍，右侧添加相应的图片，在第 8 张幻灯片中插入艺术字"谢谢"。

4）为第 3～第 7 张幻灯片设置动画效果，为所有幻灯片设置切换效果。

模拟试题 3

一、选择题

1. 下列关于栈和队列的描述正确的是（　　　）。
   A. 栈在栈顶删除元素　　　　　　　　B. 队列是先进后出
   C. 栈是先进先出　　　　　　　　　　D. 队列允许在队头删除元素

2. 在标准 ASCII 编码表中，数字码、小写英文字母和大写英文字母的前后次序是（　　　）。
   A. 数字、小写英文字母、大写英文字母
   B. 小写英文字母、大写英文字母、数字
   C. 数字、大写英文字母、小写英文字母
   D. 大写英文字母、小写英文字母、数字

3. 下列不属于软件调试方法的是（　　　）。
   A. 回溯法　　　　B. 强行排错法　　　C. 集成测试法　　　D. 原因排除法

4. 结构化程序设计的 3 种结构是（　　　）。
   A. 顺序结构、分支结构、跳转结构
   B. 顺序结构、选择结构、循环结构
   C. 分支结构、跳转结构、循环结构
   D. 分支结构、选择结构、循环结构

5. 在数据流图中，带有箭头的线段表示的是（　　　）。
   A. 控制流　　　　B. 数据流　　　　　C. 事件驱动　　　　D. 模块调用

6. 计算机网络是通过通信媒体，把各个独立的计算机互相连接而建立起来的系统。它实现了计算机与计算机之间的资源共享和（　　　）。
   A. 屏蔽　　　　　B. 独占　　　　　　C. 通信　　　　　　D. 交换

7. 下列特征中不是面向对象方法的主要特征的是（　　　）。
   A. 多态性　　　　B. 标识唯一性　　　C. 封装性　　　　　D. 耦合性

8. 数据库设计中，E-R 图转换成关系数据模型的过程属于（　　　）。
   A. 需求分析阶段　　　　　　　　　　B. 概念设计阶段
   C. 逻辑设计阶段　　　　　　　　　　D. 物理设计阶段

9. 在一棵二叉树上，第 5 层的结点数最多是（　　　）。
   A. 17　　　　　　B. 18　　　　　　　C. 15　　　　　　　D. 16

10. 下列有关数据库的描述，正确的是（   ）。

A．数据库设计是指设计数据库管理系统

B．数据库技术的根本目标是解决数据共享的问题

C．数据库是一个独立的系统

D．数据库系统中，数据的物理结构必须与逻辑结构一致

11. 天气预报能为我们的生活提供良好的帮助，它属于计算机应用中的（   ）。

A．人工智能　　　B．信息处理　　　C．过程控制　　　D．科学计算

12. 下列各选项中，不属于 Internet 应用的是（   ）。

A．新闻组　　　　B．远程登录　　　C．网络协议　　　D．搜索引擎

13. 计算机软件系统包括（   ）。

A．系统软件和应用软件　　　　　B．程序、数据和相应的文档

C．数据库管理系统和数据库　　　D．编译系统和办公软件

14. 下列描述中，不属于软件危机的表现的是（   ）。

A．软件成本不断提高　　　　　　B．软件开发生产率低

C．软件质量难以控制　　　　　　D．软件过程不规范

15. 汇编语言是一种（   ）。

A．面向问题的程序设计语言

B．计算机能直接执行的程序设计语言

C．独立于计算机的高级程序设计语言

D．依赖于计算机的低级程序设计语言

16. 构成 CPU 的主要部件是（   ）。

A．控制器和运算器　　　　　　　B．内存、控制器和运算器

C．高速缓存和运算器　　　　　　D．内存和控制器

17. 用高级程序设计语言编写的程序，要转化成等价的可执行程序，必须经过（   ）。

A．汇编　　　　　B．编辑　　　　　C．解释　　　　　D．编译和连接

18. 计算机网络最突出的优点是（   ）。

A．实现资源共享和快速通信　　　B．提高计算机的存储容量

C．运算速度快　　　　　　　　　D．可靠性高

19. 下列各进制的整数中，值最小的是（   ）。

A．十进制数 11　　　　　　　　　B．八进制 11

C．十六进制数 11　　　　　　　　D．二进制数 11

20. 下列关于多媒体系统的描述中，不正确的是（   ）。

A．多媒体系统一般是一种多任务系统

B．多媒体系统是对文字、图像、声音、活动图像及其资源进行管理的系统

C．多媒体系统只能在微型计算机上运行

D．数字压缩是多媒体处理的关键技术

二、操作题

1．文字处理。

某学校学生计划举办"学习经验交流会"活动，拟邀请部分老师和专家给在校学生举办讲座，因此要制作邀请函，请按如下要求完成。

1）将"Word 素材.docx"重命名为"邀请函.docx"，后续操作在此文件基础上完成。

2）调整文档版面，要求页面高 17 厘米，宽 28 厘米，上、下页边距均为 1.5 厘米，左、右页边距均为 3 厘米。

3）将素材文件夹下的图片"背景图片.jpg"设置为邀请函背景。

4）调整邀请函内容文字的字体、字号、颜色、文字段落对齐方式。

5）制作完成后保存文件。

2．电子表格。

小李是某图书公司销售，现欲统计分析销售信息，请根据销售数据报表完成下列操作要求。

1）将"Excel 素材.xlsx"重命名为"Excel.xlsx"，后续操作在此文件基础上完成。

2）请对"明细"工作表进行格式调整，通过套用表格格式将所有的销售记录调整为一致的外观格式，并将"单价"列和"小计"列所包含的单元格调整为"会计专用"（人民币）数字格式。

3）根据图书编号，请在"明细"工作表的"图书名称"列中，使用 VLOOKUP 函数完成图书名称的自动填充。"图书名称"和"图书编号"的对应关系在"编号"工作表中。

4）根据图书编号，请在"明细"工作表的"单价"列中，使用 VLOOKUP 函数完成图书单价的自动填充。"单价"和"图书编号"的对应关系在"编号对照"工作表中。

5）在"明细"工作表的"小计"列中，计算每笔订单的销售额。

6）根据"明细"工作表中的销售数据，统计所有订单的总销售金额，并将其填写在"统计"工作表的 B3 单元格中。

7）保存文件。

3．演示文稿。

某书作者为了向出版社汇报图书选题方案，需进行展示，请按要求制作演示文稿。

1）创建一个新演示文稿，内容需要包含"图书选题策划报告.docx"文件中所有讲解的要点，包括演示文稿中的内容编排，需要严格遵循 Word 文档中的内容顺序，并仅需要包含 Word 文档中应用了"标题 1"样式的文字内容。Word 文档中应用了"标题 1"样式的文字，需要成为演示文稿中每页幻灯片的标题文字。

2）将演示文稿中的第 1 张幻灯片调整为"标题幻灯片"版式。

3）为演示文稿应用一个美观的主题样式。

4）在标题为"同类书的比较"的幻灯片页中，插入一个 6 行 5 列的表格，列标题分别为"图书名称""出版社""作者""定价""销量"。

5）在该演示文稿中创建一个演示方案，该演示方案包含第 1～第 3 张幻灯片，并将该演示方案命名为"放映方案 1"。

模拟试题 4

一、选择题

1. 两个或两个以上的模块之间关联的紧密程度称为（　　　）。
   A．耦合度　　　　　B．内聚度　　　　　C．复杂度　　　　　D．连接度

2. 下列叙述中正确的是（　　　）。
   A．循环队列有队头和队尾两个指针，因此循环队列是非线性结构
   B．在循环队列中，只需要队头指针就能反映队列中元素的动态变化情况
   C．在循环队列中，只需要队尾指针就能反映队列中元素的动态变化情况
   D．循环队列中元素的个数是由队头指针和队尾指针共同决定的

3. 下列描述中，正确的是（　　　）。
   A．线性链表是线性表的链式存储结构
   B．栈与队列是非线性结构
   C．双向链表是非线性结构
   D．只有根结点的二叉树是线性结构

4. 开发大型软件时，产生困难的根本原因是（　　　）。
   A．大型系统的复杂性　　　　　　B．人员知识不足
   C．客观世界千变万化　　　　　　D．时间紧、任务重

5. 在结构化方法中，用数据流程图（DFD）作为描述工具的软件开发阶段是（　　　）。
   A．逻辑设计　　　　B．需求设计　　　　C．详细设计　　　　D．物理设计

6. 下列关于线性表的叙述中，不正确的是（　　　）。
   A．线性表可以是空表
   B．线性表是一种线性结构
   C．线性表的所有结点有且仅有一个前件和后件
   D．线性表是由 n 个元素组成的一个有限序列

7. 一棵二叉树共有 25 个结点，其中 5 个是叶子结点，则度为 1 的结点数为（　　　）。
   A．16　　　　　B．10　　　　　C．6　　　　　D．4

8. 下列描述中，不是线性表顺序存储结构特征的是（　　　）。
   A．可随机访问　　　　　　　　　B．需要连续的存储空间
   C．不便于插入和删除　　　　　　D．逻辑相邻的数据物理位置上不相邻

9. 在三级模式之间引入两层映像，其主要功能之一是（　　　）。
   A．使数据与程序具有较高的独立性　　B．使系统具有较高的沟通能力
   C．保持数据与程序的一致性　　　　　D．提高存储空间的利用率

10. 下列方法中，属于白盒法设计测试用例的方法的是（　　）。

    A．错误推测
                  B．因果图

    C．基本路径测试
          D．边界值分析

11. 市政道路及管线设计软件属于计算机（　　）。

    A．辅助教学
      B．辅助管理
      C．辅助制造
      D．辅助设计

12. 一个完整计算机系统的组成部分为（　　）。

    A．主机、键盘和显示器
            B．系统软件和应用软件

    C．主机和它的外部设备
            D．硬件系统和软件系统

13. 计算机技术中，下列不是度量存储器容量的单位的是（　　）。

    A．KB
         B．MB
         C．GHz
         D．GB

14. Cache 的中文译名是（　　）。

    A．缓冲器
                  B．只读存储器

    C．高速缓冲存储器
           D．可编程只读存储器

15. 下列叙述中，正确的是（　　）。

    A．机器语言和汇编语言是同一种语言的不同名称

    B．用 C++程序设计语言编写的程序可以直接在机器上运行

    C．当代最先进的计算机可以直接识别、执行任何语言编写的程序

    D．C++是高级程序设计语言的一种

16. 以下关于编译程序的说法正确的是（　　）。

    A．编译程序属于计算机应用软件，所有用户都需要编译程序

    B．编译程序不会生成目标程序，而是直接执行源程序

    C．编译程序完成高级语言程序到低级语言程序的等价翻译

    D．编译程序构造比较复杂，一般不进行出错处理

17. 在数据管理技术发展的 3 个阶段中，数据共享最好的是（　　）。

    A．人工管理阶段
                 B．文件系统阶段

    C．数据库系统阶段
            D．3 个阶段相同

18. 下列关于在 Internet 上收/发电子邮件优点的描述中，错误的是（　　）。

    A．不受时间和地域的限制，只要能接入 Internet，就能收发电子邮件

    B．方便、快速

    C．费用低廉

    D．收件人必须在原电子邮箱申请地接收电子邮件

19. 冯·诺依曼型体系结构的计算机硬件系统的五大部件是（　　）。

    A．输入设备、运算器、控制器、存储器、输出设备

    B．键盘、运算器、控制器、存储器、电源设备

    C．输入设备、中央处理器、硬盘、存储器、输出设备

    D．键盘、主机、显示器、硬盘、打印机

20. 下列说法中，正确的是（　　　）。

    A. 只要将高级程序语言编写的源程序文件（如 try.c）的扩展名更改为.exe，它就称为可执行文件

    B. 源程序只有经过编译和连接后才能成为可执行程序

    C. 高级计算机可以直接执行用高级程序语言编写的程序

    D. 用高级语言编写的程序可移植性和可读性都很差

二、操作题

1. 文字处理。

某高校学生会计划于 2017 年 5 月 30 日在校会议中心举办大学生心理健康讲座，特别邀请著名心理学专家王先生担任嘉宾。现需要制作宣传海报，请按如下要求完成海报制作。

1）将"Word 素材.docx"重命名为"Word.docx"，后续操作在此文件基础上完成。

2）调整文档版面，要求页面高 40 厘米，宽 27 厘米，上、下页边距均为 4 厘米，左、右页边距均为 3 厘米，并将考生文件夹下的图片 "Word-海报背景图片.jpg"设置为海报背景。

3）根据页面布局需要，调整海报内容文字的字号、字体和颜色；调整海报内容中"报告题目""报告人""报告日期""报告时间""报告地点"信息的段落间距。

4）在"报告人："后面输入报告人姓名（王堃）。

5）在"主办：校学生会"位置后另起一页，并设置第二页的页面纸张大小为 A4 篇幅，纸张方向设置为"横向"，页边距为"常规"。

6）在新页面的"日程安排"段落下面，复制本次活动的日程安排表（请参考"Word-活动日程安排.xlsx"文件），要求表格内容引用 Excel 文件中的内容，若 Excel 文件中的内容发生变化，Word 文档中的日程安排信息随之发生变化。

2. 电子表格。

某学校老师需要对期末考试成绩进行分析，请根据下列要求对成绩单进行整理和分析。

1）将"Excel 素材.xlsx"重命名为"成绩单.xlsx"，后续操作均基于此文件。

2）对工作表"成绩"中的数据列表进行格式化操作：将第一列"学号"列设为文本，将所有成绩列设为保留两位小数的数值；适当加大行高、列宽，改变字体、字号，设置对齐方式，增加适当的边框和底纹以使工作表更加美观。

3）利用"条件格式"功能进行下列设置：将语文、数学、英语三科中不低于 100 分的成绩所在的单元格以一种颜色填充，其他四科中高于 90 分的成绩所在的单元格以另一种颜色填充。

4）利用 SUM 函数和 AVERAGE 函数计算每一个学生的总分及平均成绩。

5）复制工作表"成绩"，将副本放置到原表之后；改变该副本表标签的颜色，并重新命名，新表名需包含"分类汇总"字样。

6）通过分类汇总功能求出每个班各科的平均成绩，并将每组结果分页显示。

7）以分类汇总结果为基础，创建一个簇状柱形图，对每个班各科平均成绩进行比较，并将该图表放置在一个名为"柱状分析图"的新工作表中。

3．演示文稿。

某学校将进行防治手足口病知识的宣传，请按以下要求制作一份演示文稿。

1）标题页包含演示主题、制作单位。

2）演示文稿须指定一个主题，幻灯片不少于 5 张，且版式不少于 3 种。

3）演示文稿中除文字外要有两张以上的图片，并有两个以上的超链接进行幻灯片之间的跳转。

4）动画效果要丰富，幻灯片切换效果要多样。

5）演示文稿播放的全程需要有背景音乐。

6）制作完成后，以"手足口病宣传.pptx"为文件名进行保存。

模拟试题 5

一、选择题

1. 下面关于算法的叙述中，正确的是（　　）。
   A. 算法的执行效率与数据的存数结构无关
   B. 算法的有穷性是指算法必须能在执行有限个步骤之后终止
   C. 算法的空间复杂度是指算法程序中指令（或语句）的条数
   D. 以上 3 种描述都正确

2. 下列二叉树描述中，正确的是（　　）。
   A. 任何一棵二叉树必须有一个度为 2 的结点
   B. 二叉树的度可以小于 2
   C. 非空二叉树有 0 个或 1 个根结点
   D. 至少有 2 个根结点

3. 软件按功能可以分为应用软件、系统软件和支撑软件（或工具软件）。下面属于应用软件的是（　　）。
   A. 学生成绩管理系统　　　　　　　B. C 语言编译程序
   C. UNIX 操作系统　　　　　　　　D. 数据库管理系统

4. 下列选项中，不属于序言性注释的是（　　）。
   A. 程序标题　　　B. 程序设计者　　　C. 主要算法　　　D. 数据状态

5. 下列模式中，能够给出数据库物理存储结构与物理存储方法的是（　　）。
   A. 内模式　　　　B. 外模式　　　　C. 概念模式　　　　D. 逻辑模式

6. 下面对对象概念描述正确的是（　　）。
   A. 任何对象必须有继承性
   B. 对象是名字和方法的封装体
   C. 对象间的通信靠消息传递
   D. 对象的多态性是指一个对象有多个操作

7. 下列不属于软件工程三要素的是（　　）。
   A. 工具　　　　　　B. 过程　　　　　　C. 方法　　　　　　D. 环境

8. 数据库系统在其内部具有三级模式，用来描述数据库全体数据的全局逻辑结构和特征的是（　　）。
   A. 外模式　　　　B. 概念模式　　　　C. 内模式　　　　D. 存储模式

9. 将 E-R 图转换为关系模式时，实体与联系都可以表示成（　　）。
   A. 属性　　　　　B. 关系　　　　　C. 记录　　　　　D. 码

10. 某二叉树中度为 2 的结点有 10 个，则该二叉树中有（　　）个叶子结点。

    A．9　　　　　　B．10　　　　　　C．11　　　　　　D．12

11. 从 2001 年开始，我国自主研发通用 CPU 芯片，其中第 1 款通用的 CPU 是（　　）。

    A．龙芯　　　　B．AMD　　　　C．Intel　　　　D．酷睿

12. 下列叙述中正确的是（　　）。

    A．循环队列是非线性结构

    B．循环队列是一种逻辑结构

    C．循环队列是队列的一种链式存储结构

    D．循环队列是队列的一种顺序存储结构

13. 对计算机操作系统的作用描述完整的是（　　）。

    A．管理计算机系统的全部软件、硬件资源，合理组织计算机的工作流程，以充分发挥计算机资源的效率，为用户提供使用计算机的友好界面

    B．对用户存储的文件进行管理，方便用户

    C．执行用户输入的各种命令

    D．为汉字操作系统提供运行的基础

14. 用高级程序设计语言编写的程序（　　）。

    A．计算机能直接执行

    B．具有良好的可读性和可移植性

    C．依赖于具体机器，可移植性差

    D．执行效率高，但可读性差

15. 假设某台计算机的内存储器容量为 128MB，硬盘容量为 10GB。硬盘的容量是内存容量的（　　）。

    A．40 倍　　　　B．60 倍　　　　C．80 倍　　　　D．100 倍

16. 计算机操作系统的主要功能是（　　）。

    A．对计算机的所有资源进行控制和管理，为用户使用计算机提供方便

    B．对源程序进行翻译

    C．对用户数据文件进行管理

    D．对汇编语言程序进行翻译

17. 下列关于电子邮件的说法，正确的是（　　）。

    A．收件人必须有 E-mail 地址，发件人可以没有 E-mail 地址

    B．发件人必须有 E-mail 地址，收件人可以没有 E-mail 地址

    C．发件人和收件人都必须有 E-mail 地址

    D．发件人必须知道收件人住址的邮政编码

18. 世界上公认的第一台电子计算机诞生在（　　）。

    A．中国　　　　B．美国　　　　C．英国　　　　D．日本

19. 下列叙述，正确的是（　　）。

    A．把数据从硬盘传送到内存的操作称为输出

    B．WPS Office 是一个国产的系统软件

C．扫描仪属于输出设备

D．将高级语言编写的源程序转换成机器语言程序的程序称为编译程序

20．多媒体技术的主要特点是（　　　　）。

A．实时性和信息量大　　　　　　　B．集成性和交互性

C．实时性和分布性　　　　　　　　D．分布性和交互性

二、操作题

1．文字处理。

某公司欲召开客户见面会，时间定于 2017 年 1 月 5 日下午 3:00，在友谊大厦会议室召开，现欲邀请胜利公司王经理，公司联系电话：123456。

根据上述内容要求制作请柬，具体要求如下。

1）制作一份请柬，以总经理王力名义发出邀请，请柬中需要包含标题、收件人姓名、会议时间、会议地点和邀请人。

2）对请柬进行排版，要求：改变字体，加大字号，且标题部分与正文部分用不同的字体和字号；加大行间距和段间距；适当改变段落的对齐方式，适当设置左右及首行缩进。

3）在请柬左下角插入图片（图片 1.png），不影响文字排列、不遮挡文字内容。

4）进行页面设置，加大文档的上边距；为文档添加页眉，要求页眉内容包含本公司电话。

2．电子表格。

某公司销售人员，欲对多家分店的销售情况进行汇总统计分析，请按如下要求完成操作。

1）将"Excel 素材.xlsx"重命名为"设备全年销售情况.xlsx"文件，之后操作均在此文件上进行。

2）将"Sheet1"工作表命名为"销售状况"，将"Sheet2"工作表命名为"平均价格"。

3）在"门店"列左侧插入一个空列，列标题为"序号"，并以 001、002、003……的方式向下填充该列到最后一个数据行。

4）将工作表标题跨列合并后居中，调整字体、加大字号，改变字体颜色。加大数据表行高和列宽，设置对齐方式及"销售额"列的数值格式（保留两位小数），并为数据区域增加边框线。

5）为工作表"销售状况"中的销售数据创建一个数据透视表，放置在一个名为"数据透视分析"的新工作表中，要求针对各类商品比较各门店每个季度的销售额。其中商品名称为报表筛选字段，店铺为行标签，季度为列标签，并对销售额求和。

6）根据生成的数据透视表，创建一个簇状柱形图，图表仅对各门店四个季度的打印机销售额进行比较。

7）保存文件。

3．演示文稿。

环球数据有限公司准备开展新入职人员培训，现已有一份演示文稿"新员工"，请对该文稿完成如下操作。

1）将"PPT 素材.pptx"重命名为"新员工培训.pptx"，后续操作在此文件基础上完成。

2）将第 2 张幻灯片版式设为"标题和内容"，将第 4 张幻灯片版式设为"比较"。

3）通过幻灯片母版为每张幻灯片增加利用艺术字制作的水印效果，水印文字应包含"环球数码"。

4）为第 6 张幻灯片左侧文字"员工守则"加入超链接，链接到 Word 素材文件"守则.docx"，并添加适当的动画效果。

5）设置 3 种幻灯片切换方式。

模拟试题 6

一、选择题

1. 算法的空间复杂度是指（　　　）。
   A. 算法程序的长度
   B. 算法程序中的指令条数
   C. 算法程序所占的存储空间
   D. 算法执行过程中所需要的存储空间

2. 下列叙述正确的是（　　　）。
   A. 一个逻辑数据结构只能有一种存储结构
   B. 逻辑结构属于线性结构，存储结构属于非线性结构
   C. 一个逻辑数据结构可以有多种存储结构，且各种存储结构不影响数据处理的效率
   D. 一个逻辑数据结构可以有多种存储结构，且各种存储结构影响数据处理的效率

3. 下列关于类、对象、属性和方法的叙述中，错误的是（　　　）。
   A. 类是对一类具有相同的属性和方法对象的描述
   B. 属性用于描述对象的状态
   C. 方法用于表示对象的行为
   D. 基于同个类产生的两个对象不可以分别设置自己的属性值

4. 软件开发中，需求分析阶段产生的主要文档是（　　　）。
   A. 数据字典
   B. 详细设计说明书
   C. 数据流程图说明书
   D. 软件需求规格说明书

5. 数据库设计的 4 个阶段是：需求分析、概念设计、逻辑设计和（　　　）。
   A. 编码设计
   B. 测试阶段
   C. 运行阶段
   D. 物理设计

6. 在下列关系运算中，不改变关系表中的属性个数但能减少元组个数的是（　　　）。
   A. 并
   B. 交
   C. 投影
   D. 除

7. 下列叙述中，正确的是（　　　）。
   A. 软件交付使用后还需要进行维护
   B. 软件一旦交付使用就不需要再进行维护了
   C. 软件交付使用后其生命周期就结束了
   D. 软件维护是指修复程序中被破坏的指令

8. 设一棵满二叉树共有 15 个结点，则该满二叉树中的叶子结点数为（　　　）。
   A. 7
   B. 8
   C. 9
   D. 10

9. 设 R 是一个 2 元关系，有 3 个元组，S 是一个 3 元关系，有 3 个元组。若 $T=R \times S$，则 T 的元组的个数为（　　）。

    A. 6   B. 8   C. 9   D. 12

10. 下列选项中，不属于数据库管理的是（　　）。

    A. 数据库的建立   B. 数据库的调整

    C. 数据库的监控   D. 数据库的校对

11. 英文缩写 CAM 的中文意思是（　　）。

    A. 计算机辅助设计   B. 计算机辅助制造

    C. 计算机辅助教学   D. 计算机辅助管理

12. 标准 ASCII 码用 7 位二进制数表示一个字符的编码，其中不同的编码共有（　　）。

    A. 127 个   B. 128 个   C. 256 个   D. 254 个

13. 已知"装"字的拼音输入码是 zhuang，而"大"字的拼音输入码是 da，则存储它们的内码分别需要的字节个数是（　　）。

    A. 6，2   B. 3，1   C. 2，2   D. 3，2

14. 下列叙述中，错误的是（　　）。

    A. 计算机硬件主要包括主机、键盘、显示器、鼠标和打印机五大部件

    B. 计算机软件分为系统软件和应用软件两大类

    C. CPU 主要由运算器和控制器组成

    D. 内存储器中存储的是当前正在执行的程序和处理的数据

15. 在外部设备中，扫描仪属于（　　）。

    A. 输出设备   B. 存储设备   C. 输入设备   D. 特殊设备

16. 防止计算机病毒应采取的正确措施之一是（　　）。

    A. 每天都要对硬盘和软盘进行格式化

    B. 必须备有常用的杀毒软件

    C. 不用任何磁盘

    D. 不用任何软件

17. 计算机主要的技术指标通常是指（　　）。

    A. 所配备的系统软件的版本

    B. CPU 的时钟频率和运算速度、字长、存储容量

    C. 显示器的分辨率、打印机的配置

    D. 硬盘容量的大小

18. （　　）不是计算机的字长。

    A. 8 位   B. 16 位   C. 30 位   D. 64 位

19. 下列说法中，正确的是（　　）。

    A. 软盘的容量远远小于硬盘的容量

    B. 硬盘的存取速度比软盘的存取速度慢

C．U 盘的容量远大于硬盘的容量

D．软盘驱动器是唯一的外部存储设备

20．在计算机网络中，英文缩写 LAN 的中文名是（　　）。

A．局域网　　　　B．城域网　　　　C．广域网　　　　D．无线网

二、操作题

1．文字处理。

按照如下要求，在"WordA.docx"文档中完成制作工作。

1）调整文档纸张大小为 A4 幅面，纸张方同为纵向，并调整上、下页边距均为 2.5 厘米，左、右页边距均为 3.2 厘米。

2）打开资源素材"WordB.docx"文件，将其文档样式库中的"标题 1，标题样式一"和"标题 2，标题样式二"复制到"WordA.docx"文档样式库中。

3）将"WordA.docx"文档中的所有红色文字段落应用为"标题 1，标题样式一"段落样式。

4）将"WordA.docx"文档中的所有绿色文字段落应用为"标题 2，标题样式二"段落样式。

5）将文档中出现的全部"软回车"符号（手动换行符）更改为"硬回车"符号（段落标记符）。

6）修改文档样式库中的"正文"样式，使文档中所有正文段落首行缩进 2 字符。

7）为文档添加页眉，并将当前页中样式为"标题1，标题样式一"的文字自动显示在页眉区域中。

8）在文档的第 4 段落后（标题为"目标"的段落之前）插入一个空段落，并按照下面的数据方式在此空段落中插入折线图图表，将图表的标题命名为"销售业务指标"。

年份	销售额/万元	成本/万元	利润/万元
2012	5.9	3.7	2.2
2013	7.7	3.1	4.6
2014	4.6	2.7	1.9
2015	6.3	5.0	1.3

2．电子表格。

按照题目要求完成下面的操作。

1）将"ExcelC.xlsx"重命名为"Excel.xlsx"文件，之后的所有操作都基于此文件。

2）在"各类费用报销管理"工作表"日期"列的所有单元格中，标注每个报销日期属于星期几。例如，日期为"2013 年 1 月 21 日"的单元格应显示为"2013 年 1 月 21 日星期一"，日期为"2013 年 1 月 22 日"的单元格应显示为"2013 年 1 月 22 日星期二"。

3）如果"日期"列中的日期为星期六或星期日，则在"是否加班"列的单元格中显示"是"，否则显示"否"（必须使用公式）。

4）使用公式统计每个活动地点所在的省份或直辖市，并将其填写在"地区"列所对应的单元格中，如"北京市""浙江省"。

5）依据"费用类别编号"列内容，使用 VLOOKUP 函数，生成"费用类别"列内容，对照关系参考"费用名称"工作表。

6）在"差旅费分析报告"工作表 B3 单元格中，统计 2013 年第二季度发生在北京市的差旅费用总金额。

7）在"差旅费分析报告"工作表 B4 单元格中，统计 2013 年员工王崇江报销的火车票费用总额。

8）在"差旅费分析报告"工作表 B5 单元格中，统计 2013 年差旅费用中飞机票费用占所有报销费用的比例，并保留两位小数。

9）在"差旅费分析报告"工作表 B6 单元格中，统计 2013 年发生在周末（星期六和星期日）的通信补助总金额。

3．演示文稿。

根据下列要求，在 PowerPoint 中完成制作。

1）利用 PowerPoint 应用程序创建一个相册，并包含 Photo a.jpg～Photo l.jpg 共 12 幅摄影作品。在每张幻灯片中包含 4 幅图片，并将每幅图片设置为"居中矩形阴影"相框形状。

2）设置相册主题为素材中的"相册.pptx"样式。

3）为相册中每张幻灯片设置不同的切换效果。

4）在标题幻灯片后插入一张新的幻灯片，将该幻灯片设置为"标题和内容"版式。在该幻灯片的标题位置输入"优秀摄影作品赏析"，并在该幻灯片的内容文本框中输入 3 行文字，分别为"湖光春色""冰消雪融""田园风光"。

5）将"湖光春色""冰消雪融""田园风光"3 行文字转换为样式"蛇形图片重点列表"的 SmartArt 对象，并将"Photo a.jpg""Photo f.jpg""Photo i.jpg"定义为该 SmartArt 对象的显示图片。

6）为 SmartArt 对象添加自左至右的"擦除"进入动画效果，并要求在幻灯片放映时该 SmartArt 对象元素可以逐个显示。

7）在 SmartArt 对象元素中添加幻灯片跳转链接，使得单击"湖光春色"标注形状可跳转至第 3 张幻灯片，单击"冰消雪融"标注形状可跳转至第 4 张幻灯片，单击"田园风光"标注形状可跳转至第 5 张幻灯片。

8）将素材中的"P61.wav"声音文件作为该相册的背景音乐，并在幻灯片放映时即开始播放。

9）将该相册保存为"PowerPoint .pptx"文件。

模拟试题 7

一、选择题

1. 线性表常采用的两种存储结构是（　　　）。
   - A．散列方法和索引方式
   - B．链表存储结构和数组
   - C．顺序存储结构和链式存储结构
   - D．线性存储结构和非线性存储结构

2. 软件需求分析阶段的工作，可以分为 4 个方面：需求获取、编写需求规格说明书、需求评审和（　　　）。
   - A．阶段性报告
   - B．需求分析
   - C．需求总结
   - D．都不正确

3. 在软件生命周期中，能准确地确定软件系统必须做什么和必须具备哪些功能的阶段是（　　　）。
   - A．需求分析
   - B．详细设计
   - C．软件设计
   - D．概要设计

4. 对建立良好的程序设计风格，下面描述正确的是（　　　）。
   - A．程序应简单、清晰、可读性好
   - B．符号名的命名只要符合语法即可
   - C．充分考虑程序的执行效率
   - D．程序的注释可有可无

5. 下列工具中，不属于结构化分析常用工具的是（　　　）。
   - A．数据流图
   - B．数据字典
   - C．判定树
   - D．N-S 图

6. 在软件生产过程中，需求信息的来源是（　　　）。
   - A．程序员
   - B．项目经理
   - C．设计人员
   - D．软件用户

7. 对关系 S 和 R 进行集合运算，结果中既包含 S 中的所有元组也包含 R 中的所有元组，这样的集合运算称为（　　　）。
   - A．并运算
   - B．交运算
   - C．差运算
   - D．积运算

8. 设有关键码序列（Q，G，M，Z，A，N，B，P，X，H，Y，S，T，L，K，E），采用堆排序法进行排序，经过初始建堆后关键码值 B 在序列中的序号是（　　　）。
   - A．1
   - B．3
   - C．7
   - D．9

9. 数据库的故障恢复一般是由（　　　）来执行恢复。
   - A．计算机用户
   - B．数据库恢复机制
   - C．数据库管理员
   - D．系统普通用户

10. 下列选项中，不属于数据模型所描述的内容的是（　　　）。
    - A．数据类型
    - B．数据操作
    - C．数据结构
    - D．数据约束

11. 以下不属于第一代计算机特点的是（　　　）。
    - A．其基本元件是电子管
    - B．时间段为 1946～1966 年
    - C．用机器语言编程
    - D．主要应用于军事目的和科学研究

12．CAD 指的是（　　）。

　　A．计算机辅助制造　　　　　　　B．计算机辅助教育

　　C．计算机集成制造系统　　　　　D．计算机辅助设计

13．下列各进制的整数中，值最大的一个是（　　）。

　　A．十六进制数 78　　　　　　　　B．十进制数 125

　　C．八进制数 202　　　　　　　　D．二进制数 10010110

14．根据《信息交换用汉字编码字符集 基本集》（GB 2312—1980）的规定，二级次常用汉字个数是（　　）。

　　A．3000 个　　　B．7445 个　　　C．3008 个　　　D．3755 个

15．计算机软件分系统软件和应用软件两大类，系统软件的核心是（　　）。

　　A．数据库管理系统　　　　　　　B．操作系统

　　C．程序语言系统　　　　　　　　D．财务管理系统

16．按操作系统的分类，UNIX 操作系统是（　　）。

　　A．批处理操作系统　　　　　　　B．实时操作系统

　　C．分时操作系统　　　　　　　　D．单用户操作系统

17．在计算机中，条码阅读器属于（　　）。

　　A．输入设备　　　B．存储设备　　　C．输出设备　　　D．计算设备

18．下列设备组中，完全属于外部设备的一组是（　　）。

　　A．CD-ROM 驱动器、CPU、键盘、显示器

　　B．激光打印机、键盘、CD-ROM 驱动器、鼠标

　　C．内存储器、CD-ROM 驱动器、扫描仪、显示器

　　D．打印机、CPU、内存储器、硬盘

19．下列叙述中，正确的是（　　）。

　　A．Cache 一般由 DRAM 构成

　　B．汉字的机内码就是它的国标码

　　C．数据库管理系统 Oracle 是系统软件

　　D．指令由控制码和操作码组成

20．下列英文缩写和中文名字的对照中，正确的是（　　）。

　　A．WAN——广域网　　　　　　　B．ISP——因特网服务程序

　　C．USB——不间断电源　　　　　D．RAM——只读存储器

二、操作题

1．文字处理。

小李准备在校园科技周向同学讲解与黑客技术相关的知识，请根据“Word_素材.docx”中的内容，帮助小李完成此项工作。具体要求如下。

1）将“Word_素材.docx”重命名为“Word.docx”文件，之后所有操作均基于此文件。

2）调整纸张大小为 B5，页边距的左、右边距均为 2 厘米，装订线 1 厘米，对称页边距。

3）将文档中第 1 行"黑客技术"设为 1 级标题，将文档中黑体字的段落设为 2 级标题，将斜体字段落设为 3 级标题。

4）将正文部分内容设为四号字，每个段落设为 1.2 倍行距，且首行缩进 2 字符。

5）将正文第 1 段落的首字"很"下沉 2 行。

6）在文档的开始位置插入只显示 2 级标题和 3 级标题的目录，并用分节方式令其独占一页。

7）文档除目录页外均显示页码，正文开始为第 1 页，奇数页码显示在文档的底部靠右，偶数页码显示在文档的底部靠左。文档偶数页加入页眉，页眉中显示文档标题"黑客技术"，奇数页页眉没有内容。

8）将文档最后 5 行转移为 2 列 5 行的表格，倒数第 6 行的内容"中英文对照"作为该表格的标题，将表格及标题居中。

9）为文档应用一种合适的主题。

2．电子表格。

小李是东方公司的会计，为节省时间，同时又确保记账的准确性，她使用 Excel 编制了员工工资表。请根据"Excel_素材.xlsx"中的内容，帮助小李完成工资表的整理和分析工作。具体要求如下（提示：本题中若出现排序问题则采用升序方法）。

1）将"Excel_素材.xlsx"重命名为"Excel.xlsx"文件，之后所有操作均基于此文件。

2）通过合并单元格，将"东方公司 2014 年 3 月员工工资表"放于整个表的上端、居中，并调整字体、字号。

3）在"序号"列中分别输入 1～15，将其数据格式设置为数值、保留 0 位小数、居中。

4）将"基础工资"（含）往右各列设置为会计专用格式、保留 2 位小数、无货币符号。

5）调整表格各列宽度、对齐方式，使显示更加美观。设置纸张大小为 A4，横向，整个工作表需调整在一个打印页内。

6）参考考生文件夹下的"工资薪金所得税率.xlsx"，利用 IF 函数计算"应交个人所得税"列（提示：应交个人所得税=应纳税所得额×对应税率-对应速算扣除数）。

7）利用公式计算"实发工资"列，实发工资=应付工资合计-扣除社保-应交个人所得税。

8）复制工作表"2014 年 3 月"，将副本放置到原表的右侧，并命名为"分类汇总"。

9）在"分类汇总"工作表中通过分类汇总功能求出各部门"应付工资合计""实发工资"的和，每组数据不分页。

3．演示文稿。

随着云计算技术的不断演变，IT 助理小李希望为客户整理一份演示文稿，传递云计算技术对客户的价值。请根据"PPT 素材.docx"中的内容，帮助小李完成该演示文稿的制作。具体要求如下。

1）将"PPT 素材.pptx"重命名为"PPT.pptx"，之后所有操作均基于此演示文稿。

2）将素材文件中每个矩形框中的文字及图片设计为 1 张幻灯片，为演示文稿插入幻灯片编号，与矩形框前的序号一一对应。

3）第 1 张幻灯片作为标题页，标题为"云计算简介"，并将其设为艺术字，有制作日期（格式：××××年××月××日），并指明制作者为"考生×××"。第 9 张幻灯片中的"敬请批评指正！"采用艺术字。

4）幻灯片版式至少有 3 种，并为演示文稿选择一个合适的主题。

5）为第 2 张幻灯片中的每项内容插入超链接，单击时转到相应幻灯片。

6）第 5 张幻灯片采用 SmartArt 图形中的组织结构图来表示，最上级内容为"云计算的五个主要特征"，其下级依次为具体的 5 个特征。

7）为每张幻灯片中的对象添加动画效果，并设置 3 种以上幻灯片切换效果。

8）增大第 6～第 8 张幻灯片中图片的显示比例，以达到较好的效果。

模拟试题 8

一、选择题

1. 算法的有穷性是指（　　　）。
   A．算法程序的运行时间是有限的
   B．算法程序所处理的数据量是有限的
   C．算法程序的长度是有限的
   D．算法只能被有限的用户使用

2. 下列关于栈的描述中，正确的是（　　　）。
   A．在栈中只能插入元素
   B．在栈中只能删除元素
   C．只能在一端插入或删除元素
   D．只能在一端插入元素，而在另一端删除元素

3. 在一棵二叉树中，叶子结点共有 30 个，度为 1 的结点共有 40 个，则该二叉树中的总结点数共有（　　　）个。
   A．89   B．93   C．99   D．100

4. 对下列二叉树进行中序遍历的结果是（　　　）。
   A．ABCDEFGH   B．ABDGEHCF   C．GDBEHACF   D．GDHEBFCA

5. 设有表示学生选课的 3 张表，学生表（学号，姓名，性别），课程表（课程号，课程名），选课成绩表（学号，课程号，成绩），则选课成绩表的关键字为（　　　）。
   A．课程号，成绩   B．学号，成绩
   C．学号，课程号   D．学号，课程号，成绩

6. 详细设计主要确定每个模块具体的执行过程，也称过程设计，下列不属于过程设计工具的是（　　　）。
   A．DFD 图   B．PAD 图   C．N-S 图   D．PDL

7. 下列关于软件测试的目的和准则的叙述中，正确的是（　　　）。
   A．软件测试是证明软件没有错误
   B．主要目的是发现程序中的错误
   C．主要目的是确定程序中错误的位置
   D．测试最好由程序员来检查自己的程序

8. 在 E-R 图中，用（　　　）来表示实体之间的联系。
   A．矩形   B．菱形   C．椭圆形   D．正方形

9. 在数据库系统中，对数据库用户能够看见和使用的局部数据的逻辑结构和特征的描述是（   ）。

    A. 外模式   B. 逻辑模式   C. 概念模式   D. 物理模式

10. 设有如下关系表，由关系 R 和 S 通过运算得到关系 T，则所使用的运算为（   ）。

R				S				T		
A	B	C		A	B	C		A	B	C
3	3	5		6	3	6		3	3	5
5	5	6						5	5	6
								6	3	6

    A. $T=R\cap S$ B. $T=R\cup S$ C. $T=R*S$ D. $T=R/S$

11. 现代计算机中采用二进制数字系统，是因为它（   ）。

    A. 代码表示简短，易读

    B. 物理上容易表示和实现，运算规则简单，可节省设备且便于设计

    C. 容易阅读，不易出错

    D. 只有 0 和 1 两个数字符号，容易书写

12. 二进制数 1001001 转换成十进制数是（   ）。

    A. 72   B. 71   C. 75   D. 73

13. 下列叙述中，正确的是（   ）。

    A. 用高级程序语言编写的程序称为源程序

    B. 计算机能直接识别并执行由汇编语言编写的程序

    C. 机器语言编写的程序执行效率最低

    D. 高级语言编写的程序可移植性最差

14. 王码五笔字型输入法属于（   ）。

    A. 音码输入法   B. 形码输入法

    C. 音形结合的输入法   D. 联想输入法

15. 操作系统的主要功能是（   ）。

    A. 对用户的数据文件进行管理，为用户管理文件提供方便

    B. 对计算机的所有资源进行统一控制和管理，为用户使用计算机提供方便

    C. 对源程序进行编译和运行

    D. 对汇编语言程序进行翻译

16. 随机存储器中，有一种存储器需要周期性地补充电荷，以保证所存储信息的正确，它称为（   ）。

    A. 静态 RAM（SRAM）   B. 动态 RAM（DRAM）

    C. RAM   D. Cache

17. KB（千字节）是度量存储器容量大小的常用单位之一，1KB 等于（   ）。

    A. 1000 字节   B. 1024 字节

    C. 1000 个二进制位   D. 1024 个字

18．Internet 中不同网络和不同计算机相互通信的基础是（　　）。

　　A．ATM　　　　　　B．TCP/IP　　　　　C．Novell　　　　　D．X.25

19．电话拨号连接是计算机个人用户常用的接入 Internet 的方式，称为非对称数字用户线的接入技术，其英文缩写是（　　）。

　　A．ADSL　　　　　B．ISDN　　　　　　C．ISP　　　　　　D．TCP

20．用户在 ISP 注册拨号入网后，其电子邮箱建在（　　）。

　　A．用户的计算机上

　　B．发件人的计算机上

　　C．ISP 的邮件服务器上

　　D．收件人的计算机上

二、操作题

1．文字处理。

某出版社的编辑小刘手中有一篇有关财务软件应用的书稿"会计电算化节节高升.docx"，打开该文档，按下列要求帮助小刘对书稿进行排版操作，并按原文件名进行保存。

1）按下列要求进行页面设置：纸张大小 16 开，对称页边距，上边距 2.5 厘米，下边距 2 厘米，内侧边距 2.5 厘米，外侧边距 2 厘米，装订线 1 厘米，页脚距边界 1 厘米。

2）书稿中包含三个级别的标题，分别用"（一级标题）""（二级标题）""（三级标题）"字样标出。对书稿应用样式、多级列表，并对样式格式进行相应修改。

3）样式应用结束后，将书稿中各级标题文字后面括号中的提示文字及括号"（一级标题）""（二级标题）""（三级标题）"全部删除。

4）书稿中有若干表格及图片，分别在表格上方和图片下方的说明文字左侧添加形如"表 1-1""表 2-1""图 1-1""图 2-1"的题注，其中连字符"-"前面的数字代表章号、"-"后面的数字代表图表的序号，各章图和表分别连续编号。添加完毕，将样式"题注"的格式修改为仿宋、小五号字、居中。

5）在书稿中用红色标出文字的适当位置，为前 2 个表格和前 3 个图片设置自动引用其题注号。为第 2 张表格"表 1-2 好朋友财务软件版本及功能简表"套用一个合适的表格样式，保证表格第 1 行在跨页时能够自动重复，且表格上方的题注与表格总在一页上。

6）在书稿的最前面插入目录，要求包含标题第 1～第 3 级及对应页号。目录、书稿的每一章均为独立的一节，每一节的页码均以奇数页为起始页码。

7）目录与书稿的页码分别独立编排，目录页码使用大写罗马数字（Ⅰ、Ⅱ、Ⅲ），书稿页码使用阿拉伯数字（1、2、3）且各章节连续编码。除目录首页和每章首页不显示页码外，其余页面要求奇数页页码显示在页脚右侧，偶数页页码显示在页脚左侧。

8）将文件夹下的图片"Tulips.jpg"设置为本文稿的水印，水印处于书稿页面的中间位置，为图片增加"冲蚀"效果。

2．电子表格。

期末考试结束了，初三（14）班的班主任助理王老师需要对本班学生的各科考试成绩进行统计分析，并为每个学生制作一份成绩通知单下发给家长。按照下列要求完成该班的成绩统计工作，并按原文件名进行保存。

1）打开工作簿"学生成绩.xlsx"，在最左侧插入一个空白工作表，重命名为"初三学生档案"，并将该工作表标签颜色设为"紫色（标准色）"。

2）将以制表符分隔的文本文件"学生档案.txt"自 A1 单元格开始导入工作表"初三学生档案"中。注意：不得改变原始数据的排列顺序。将第 1 列数据从左到右依次分为"学号"和"姓名"两列显示。最后创建一个名为"档案"、包含 A1:G56 单元格区域、包含标题的表。

3）在工作表"初三学生档案"中，利用公式及函数依次输入每个学生的性别（"男"或"女"）、出生日期（"××××年××月××日"）和年龄。其中：身份证号的倒数第 2 位用于判断性别，奇数为男性，偶数为女性；身份证号的第 7～第 14 位代表出生年月日；年龄需要按周岁计算，满 1 年才计 1 岁。最后适当调整工作表的行高、列宽、对齐方式等，以方便阅读。

4）参考工作表"初三学生档案"，在工作表"语文"中输入与学号对应的"姓名"；按照平时、期中、期末成绩各占 30%、30%、40%的比例计算每个学生的"学期成绩"，并填入相应单元格中；按成绩由高到低的顺序统计每个学生的"学期成绩"排名，并按"第 n 名"的形式填入"班级名次"列中；按照下列条件填写"期末总评"。

语文、数学的学期成绩/分	其他科目的学期成绩/分	期末总评
≥102	≥90	优秀
≥84	≥75	良好
≥72	≥60	及格
<72	<60	不合格

5）将工作表"语文"的格式全部应用到其他科目工作表中，包括行高（各行行高均为 22 默认单位）和列宽（各列列宽均为 14 默认单位）。并按上述 4）中的要求依次输入或统计其他科目的"姓名""学期成绩""班级名次""期末总评"。

6）分别将各科的"学期成绩"引入工作表"期末总成绩"的相应列中，在工作表"期末总成绩"中依次引入姓名、计算各科的平均分、每个学生的总分，并按成绩由高到低的顺序统计每个学生的总分排名，并以 1、2、3 的形式标识名次，最后将所有成绩的数字格式设为数值、保留 2 位小数。

7）在工作表"期末总成绩"中分别用红色（标准色）和加粗格式标出各科第一名成绩，同时将前 10 名的总分成绩用浅蓝色填充。

8）调整工作表"期末总成绩"的页面布局以便打印：纸张方向为横向，缩减打印输出使所有列只占一个页面宽（但不得缩小列宽），水平居中打印在纸上。

3．演示文稿。

某会计网校的刘老师正在准备有关《小企业会计准则》的培训课件，她的助手已搜集并整理了一份该准则的相关资料存放在 Word 文档"《小企业会计准则》培训素材.docx"中。按下列要求帮助刘老师完成课件（.pptx）的整合制作。

1）在 PowerPoint 中创建一个名为"小企业会计准则培训.pptx"的新演示文稿，该演示文稿需要包含 Word 文档"《小企业会计准则》培训素材.docx"中的所有内容，每一张幻灯片对应 Word 文档中的一页，其中 Word 文档中应用了"标题 1""标题 2""标题 3"样式的文本内容分别对应演示文稿中每张幻灯片的标题文字、第一级文本内容、第二级文本内容。

2）将第 1 张幻灯片的版式设为"标题幻灯片"，在该幻灯片的右下角插入任意一幅图片，依次为标题、副标题和新插入的图片设置不同的动画效果，并且指定动画出现顺序为图片、标题、副标题。

3）取消第 2 张幻灯片文本内容前的项目符号，并将最后两行落款和日期右对齐。将第 3 张幻灯片中用绿色标出的文本内容转换为"垂直框列表"类的 SmartArt 图形，并分别将每个列表框链接到对应的幻灯片。将第 9 张幻灯片的版式设为"两栏内容"，并在右侧的内容框中插入对应素材文档第 9 页中的图形。将第 14 张幻灯片最后一段文字向右缩进两个级别，并链接到文件"小企业准则适用行业范围.docx"。

4）将第 15 张幻灯片自"（二）定性标准"开始拆分为标题同为"二、统一中小企业划分范畴"的两张幻灯片，并参考原素材文档中的第 15 页内容将前一张幻灯片中的红色文字转换为一个表格。

5）将素材文档第 16 页中的图片插入对应幻灯片中，并适当调整图片大小。将最后一张幻灯片的版式设为"标题和内容"，将图片"pic1.gif"插入内容框中并适当调整其大小。将倒数第 2 张幻灯片的版式设为"内容与标题"，参考素材文档第 18 页中的样例，在幻灯片右侧的内容框中插入 SmartArt 不定向循环图，并为其设置一个逐项出现的动画效果。

6）将演示文稿按下列要求分为 5 节，并为每节应用不同的设计主题和幻灯片切换方式。

节名	包含的幻灯片
小企业准则简介	1～3
准则的颁布意义	4～8
准则的制定过程	9
准则的主要内容	10～18
准则的贯彻实施	19～20

模拟试题 9

一、选择题

1. 下列数据结构中，属于非线性结构的是（　　）。
   A．循环队列　　　B．带链队列　　　C．二叉树　　　D．带链栈

2. 下列数据结构中，能够按照"先进后出"原则存取数据的是（　　）。
   A．循环队列　　　B．栈　　　C．队列　　　D．二叉树

3. 对于循环队列，下列叙述中正确的是（　　）。
   A．队头指针是固定不变的
   B．队头指针一定大于队尾指针
   C．队头指针一定小于队尾指针
   D．队头指针可以大于队尾指针，也可以小于队尾指针

4. 算法的空间复杂度是指（　　）。
   A．算法在执行过程中所需要的计算机存储空间
   B．算法所处理的数据量
   C．算法程序中的语句或指令条数
   D．算法在执行过程中所需要的临时工作单元数

5. 软件设计中划分模块的一个准则是（　　）。
   A．低内聚、低耦合　　　　　　B．高内聚、低耦合
   C．低内聚、高耦合　　　　　　D．高内聚、高耦合

6. 下列选项中不属于结构化程序设计原则的是（　　）。
   A．可封装　　　B．自顶向下　　　C．模块化　　　D．逐步求精

7. 在标准 ASCII 编码表中，已知字母 A 的 ASCII 值为 01000001，则字母 E 的 ASCII 值为（　　）。
   A．01000111　　　B．01010001　　　C．01000101　　　D．01001001

8. 数据库管理系统是（　　）。
   A．操作系统的一部分　　　　　　B．在操作系统支持下的系统软件
   C．一种编译系统　　　　　　　　D．一种操作系统

9. 在 E-R 图中，用来表示实体联系的图形是（　　）。
   A．椭圆形　　　B．矩形　　　C．菱形　　　D．三角形

10. 公司销售多种产品给不同的客户，客户可选择不同的产品，则实体产品与客户间的联系是（　　）。
    A．多对一　　　B．一对多　　　C．一对一　　　D．多对多

11. 20GB 的硬盘表示容量约为（　　）。

    A．20 亿字节   B．20 亿个二进制位

    C．200 亿字节   D．200 亿个二进制位

12. 计算机安全是指计算机资产安全，即（　　）。

    A．计算机信息系统资源不受自然有害因素的威胁和危害

    B．信息资源不受自然和人为有害因素的威胁和危害

    C．计算机硬件系统不受人为有害因素的威胁和危害

    D．计算机信息系统资源和信息资源不受自然和人为有害因素的威胁和危害

13. 下列设备组中，完全属于计算机输出设备的一组是（　　）。

    A．喷墨打印机、显示器、键盘   B．激光打印机、键盘、鼠标

    C．键盘、鼠标、扫描仪   D．打印机、绘图仪、显示器

14. 计算机软件的确切含义是（　　）。

    A．计算机程序、数据与相应文档的总称

    B．系统软件与应用软件的总和

    C．操作系统、数据库管理软件与应用软件的总和

    D．各类应用软件的总称

15. 在一个非零无符号二进制整数之后添加一个 0，则此数的值为原数的（　　）。

    A．4 倍   B．2 倍   C．1/2 倍   D．1/4 倍

16. 用高级程序设计语言编写的程序（　　）。

    A．计算机能直接执行   B．具有良好的可读性和可移植性

    C．执行效率高   D．依赖于具体机器

17. 运算器的完整功能是进行（　　）。

    A．逻辑运算   B．算术运算和逻辑运算

    C．算术运算   D．逻辑运算和微积分运算

18. 以太网的拓扑结构是（　　）。

    A．星形拓扑结构   B．总线拓扑结构

    C．环形拓扑结构   D．树状拓扑结构

19. 组成计算机指令的两部分是（　　）。

    A．数据和字符   B．操作码和地址码

    C．运算符和运算数   D．运算符和运算结果

20. 上网需要在计算机上安装（　　）。

    A．数据库管理软件   B．视频播放软件

    C．浏览器软件   D．网络游戏软件

二、操作题

1. 文字处理。

小王是某出版社新入职的编辑，主编交给她关于《计算机与网络应用》教材的编排

任务。请你根据"《计算机与网络应用》初稿.docx"和相关图片的素材，帮助小王完成编排任务，具体要求如下。

1）依据素材文件，将教材的正式稿命名为"《计算机与网络应用》正式稿.docx"，并保存于文件夹下。

2）设置页面的纸张大小为 A4 幅面，上、下页边距均为 3 厘米，左、右页边距均为 2.5 厘米，设置每页行数为 36 行。

3）将封面、前言、目录、教材正文的每一章、参考文献均设置为 Word 文档中的独立一节。

4）教材内容的所有章节标题均设置为单倍行距，段前、段后间距为 0.5 行。其他格式要求：章标题（如"第 1 章计算机概述"）设置为"标题 1"样式，字体为三号、黑体；节标题（如"1.1 计算机发展史"）设置为"标题 2"样式，字体为四号、黑体；小节标题（如"1.1.2 第一台现代电子计算机的诞生"）设置为"标题 3"样式，字体为小四号、黑体。前言、目录、参考文献的标题参照章标题设置。除此之外，其他正文字体设置为宋体、五号字，段落格式为单倍行距，首行缩进 2 字符。

5）将"第一台数字计算机.jpg"和"天河 2 号.jpg"图片文件，依据图片内容插入正文的相应位置。图片下方的说明文字设置为居中、小五号、黑体。

6）根据"教材封面样式.jpg"的实例，为教材制作一个封面，图片为文件夹下的"Cover.jpg"，将该图片文件插入当前页面，设置该图片为"衬于文字下方"，调整大小使之正好为 A4 幅面。

7）为文档添加页码，编排要求：封面、前言无页码，目录页页码采用小写罗马数字，正文和参考文献页页码采用阿拉伯数字。正文的每一章以奇数页的形式开始编码，第 1 章的第 1 页页码为"1"，之后章节的页码编号续前节编号，参考文献页续正文页页码编号。页码设置在页面的页脚中间位置。

8）在目录页的标题下方以"自动目录 1"方式自动生成目录。

2．电子表格。

小李是某政法学院教务处的工作人员，为更好地掌握各个教学班级的整体情况，教务处领导要求她制作成绩分析表。请根据"素材.xlsx"文件，帮助小李完成学生期末成绩分析表的制作。具体要求如下。

1）将"素材.xlsx"另存为"成绩分析.xlsx"，后续所有的操作都基于此文件。

2）在"法一""法二""法三""法四"工作表中表格内容的右侧，分别按序插入"总分""平均分""班内排名"列，并在这 4 个工作表表格内容最下面增加"平均分"行。所有列的对齐方式设为居中，其中"班内排名"列数字格式为整数，其他成绩统计列的数值均保留 1 位小数。

3）为"法一""法二""法三""法四"工作表内容套用"表样式中等深浅 15"的表格格式，并设置包含标题。

4）在"法一""法二""法三""法四"工作表中，利用公式分别计算"总分""平均分""班内排名"列的值和最后一行"平均分"的值。对学生成绩不及格（小于 60 分）的单元格突出显示为"橙色（标准色）填充色，红色（标准色）文本"格式。

5）在"总体情况表"工作表中，更改工作表标签为红色，并将工作表内容套用"表样式中等深浅 15"的表格格式，设置表包含标题；将所有列的对齐方式设为居中；设置"排名"列数值格式为整数，其他成绩列的数值格式保留 1 位小数。

6）在"总体情况表"工作表 B3:J6 单元格区域内，计算填充各班级每门课程的平均成绩，并计算"总分""平均分""总平均分""排名"所对应单元格的值。

7）依据各课程的班级平均分，在"总体情况表"工作表 A9:M30 单元格区域内插入二维簇状柱形图，水平簇标签为各班级名称，图例项为各课程名称。

8）将该文件中所有工作表的第 1 行根据表格内容合并为一个单元格，并改变默认的字体、字号，使其成为当前工作表的标题。

9）保存"成绩分析.xlsx"文件。

3．演示文稿。

小张是中国人民解放军海军博物馆的讲解员，接到了制作"辽宁号航空母舰"简介演示幻灯片的任务，请根据考生文件夹下的"辽宁号航空母舰素材.docx"素材，帮助小张完成制作任务。具体要求如下。

1）制作完成的演示文稿至少包含 9 张幻灯片，并含有标题幻灯片和致谢幻灯片；演示文稿须选择一种适当的主题，要求字体和配色方案合理；每页幻灯片需设置不同的切换效果。

2）标题幻灯片的标题为"辽宁号航空母舰"，副标题为"——中国海军第一艘航空母舰"，该幻灯片中还应有"中国海军博物馆二〇一三年九月"字样。

3）根据"辽宁号航空母舰素材.docx"素材文档中对应标题"概况""简要历史""性能参数""舰载武器""动力系统""舰载机""内部舱室"的内容各制作 1～2 张幻灯片，文字内容可根据幻灯片的内容布局进行精简。这些内容幻灯片需选择合理的版式。

4）将相关的图片插入对应内容幻灯片中，完成合理的图文布局排列，并设置文字和图片的动画效果。

5）演示文稿的最后一张为致谢幻灯片，并包含"谢谢欣赏"字样。

6）除标题幻灯片外，设置其他幻灯片页脚的最左侧为"中国人民解放军海军博物馆"字样，最右侧为当前幻灯片编号。

7）设置演示文稿为循环放映方式，每页幻灯片的放映时间为 10 秒，在自定义循环放映时不包括最后一张致谢幻灯片。

8）演示文稿保存为"辽宁号航空母舰.pptx"。

模拟试题 10

一、选择题

1. 下列数据结构中，能用二分法进行查找的是（　　）。
   A. 无序线性表　　　　　　　　　B. 线性链表
   C. 二叉链表　　　　　　　　　　D. 顺序存储的有序表

2. 下列叙述中，不属于设计准则的是（　　）。
   A. 提高模块独立性
   B. 使模块的作用域在该模块的控制域中
   C. 设计成多入口、多出口模块
   D. 设计功能可预测的模块

3. 下列队列的描述中，正确的是（　　）。
   A. 队列属于非线性表
   B. 队列在队尾删除数据
   C. 队列按"先进后出"进行数据操作
   D. 队列按"先进先出"进行数据操作

4. 层次、网状和关系数据库划分的原则是（　　）。
   A. 记录长度　　　　　　　　　　B. 文件的大小
   C. 联系的复杂程度　　　　　　　D. 数据之间的联系方式

5. 对于长度为 n 的线性表，在最坏情况下，下列各排序法所对应的比较次数中正确的是（　　）。
   A. 冒泡排序为 $n(n-1)/2$　　　　B. 简单插入排序为 n
   C. 希尔排序为 n　　　　　　　D. 快速排序为 $n/2$

6. 为了使模块尽可能独立，要求（　　）。
   A. 内聚程度要尽量高，耦合程度要尽量强
   B. 内聚程度要尽量高，耦合程度要尽量弱
   C. 内聚程度要尽量低，耦合程度要尽量弱
   D. 内聚程度要尽量低，耦合程度要尽量强

7. 下列选项中不属于软件生命周期开发阶段任务的是（　　）。
   A. 软件测试　　　B. 概要设计　　　C. 软件维护　　　D. 详细设计

8. 数据独立性是数据库技术的重要特点之一，所谓数据独立性是指（　　）。
   A. 数据与程序独立存放
   B. 不同的数据被存放在不同的文件中

  C．不同的数据只能被对应的应用程序所使用

  D．以上三种说法都不对

9．在学校中，"班级"与"学生"两个实体集之间的联系属于（　　　）关系。

  A．一对一   B．一对多   C．多对一   D．多对多

10．软件调试的目的是（　　　）。

  A．发现错误   B．改善软件的性能

  C．改正错误   D．验证软件的正确性

11．目前各部门广泛使用的人事档案管理、财务管理等软件，按计算机应用分类，应属于（　　　）。

  A．过程控制   B．科学计算

  C．计算机辅助工程   D．信息处理

12．一个字符的标准 ASCII 码的长度是（　　　）。

  A．7bit   B．8bit   C．16bit   D．6bit

13．已知 a=00101010B 和 b=40D，下列关系成立的是（　　　）。

  A．$a>b$ B．$a=b$ C．$a<b$ D．不能比较

14．下列关于汉字编码的叙述中，错误的是（　　　）。

  A．BIG5 码是通行于香港和台湾地区的繁体汉字编码

  B．一个汉字的区位码就是它的国标码

  C．无论两个汉字的笔画数目相差多大，它们的机内码的长度也是相同的

  D．同一汉字用不同的输入法输入时，其输入码不同但机内码却是相同的

15．下列叙述中正确的是（　　　）。

  A．高级语言编写的程序可移植性差

  B．机器语言就是汇编语言，无非是名字不同而已

  C．指令是由一串二进制数 0、1 组成的

  D．用机器语言编写的程序可读性好

16．在下列软件中：①MS Office；②Windows 7；③UNIX；④AutoCAD；⑤Oracle；⑥Photoshop，属于应用软件的是（　　　）。

  A．①④⑤⑥ B．①③④ C．②④⑤⑥ D．①④⑥

17．下列关于 CPU 的叙述中，正确的是（　　　）。

  A．CPU 能直接读取硬盘上的数据

  B．CPU 能直接与内存储器交换数据

  C．CPU 的主要组成部分是存储器和控制器

  D．CPU 主要用来执行算术运算

18．下列度量存储器容量的单位中，最大的单位是（　　　）。

  A．KB   B．MB   C．Byte   D．GB

19．硬盘属于（　　　）。

  A．内存储器 B．外存储器 C．只读存储器 D．输出设备

20．下列关于计算机病毒的叙述中，正确的是（　　）。

A．所有计算机病毒只在可执行文件中传染

B．计算机病毒可通过读写移动硬盘或 Internet 进行传播

C．只要把带毒 U 盘设置成只读状态，盘上的计算机病毒就不会因读盘而传染给另一台计算机

D．清除病毒最简单的方法是删除已感染计算机病毒的文件

二、操作题

1．文字处理。

需要对《办公管理系统》的需求方案进行评审，为使参会人员对会议流程和内容有一个清晰的了解，需要提前制作一份有关会议的秩序手册。请根据"会议需求.docx"和相关素材完成编排任务，具体要求如下。

1）将素材文件"会议需求.docx"另存为"会议秩序册.docx"，并保存于考生文件夹下，以下的操作均基于"会议秩序册.docx"文档进行。

2）设置页面的纸张大小为 A4，上、下页边距均为 2.5 厘米，左、右页边距均为 2 厘米，文档每页为 33 行。

3）会议秩序册由封面、目录、正文三大块内容组成。其中，正文又分为四个部分，每部分的标题均已经以中文大写数字一、二、三、四进行编排。要求将封面、目录及正文中包含的四个部分分别独立设置为 Word 文档的一节。页码编排要求如下：封面无页码；目录均采用罗马数字编排；正文从第一部分内容开始连续编码，起始页码为 1，页码设置在页脚右侧位置。

4）按照素材中"封面.jpg"所示的样例，将封面上的文字"《办公管理系统》需求评审会"设置为二号、华文中宋；将文字"会议秩序册"放置在一个文本框中，设置为竖排文字、华文中宋、小一；将其余文字设置为四号、仿宋，并调整到页面合适的位置。

5）将正文中的标题"一、报道、会务组"设置为一级标题，单倍行距，悬挂缩进 2 字符，段前、段后为自动间距，并以自动编号格式"一、二……"替代原来的手动编号。其他三个标题"二、会议须知""三、会议安排""四、专家及会议代表名单"均参照第一个标题设置。

6）将第一部分（"一、报道、会务组"）和第二部分（"二、会议须知"）中的正文内容设置为宋体、五号，行距为固定值、16 磅，左、右各缩进 2 字符，对齐方式设置为左对齐。

7）参照素材图片"表 1.jpg"中的样例完成会议安排表的制作，并插入第三部分相应位置。格式要求：合并单元格，序号自动排列并居中，表格标题行采用黑体。表格中的内容可从素材文档"会议秩序册文本素材.docx"中获取。

8）参照素材图片"表 2.jpg"中的样例完成专家及会议代表名单的制作，并插入第四部分相应位置。格式要求：合并单元格，序号自动排列并居中，适当调整行高，为单元格填充颜色，所有列内容水平居中，表格标题行采用黑体。表格中的内容可从素材文档"会议秩序册文本素材.docx"中获取。

9）根据素材中的要求自动生成文档的目录，插入目录页中的相应位置，并将目录内容设置为四号字。

2．电子表格。

根据"素材.xlsx"文档，完成学生期末成绩分析表的制作，具体要求如下。

1）将"素材.xlsx"文档另存为"年级期末成绩分析.xlsx"，以下的操作均基于此新保存的文档进行。

2）在"2016 级计算机"工作表最右侧依次插入"总分""平均分""年级排名"列；将工作表的第一行根据表格实际情况合并居中为一个单元格，并设置合适的字体、字号，使其成为该工作表的标题。对班级成绩区域套用带标题行的"表样式中等深浅 15"的表格格式。设置所有列的对齐方式为居中，其中排名为整数，其他成绩的数字保留 1 位小数。

3）在"2016 级计算机"工作表中，利用公式分别计算"总分""平均分""年级排名"列的值。对学生成绩不及格（小于 60 分）的单元格套用格式突出显示为"黄色填充红色文本"。

4）在"2016 级计算机"工作表中，利用公式，根据学生的学号，将其班级的名称填入"班级"列，规则如下：学号的第三位为专业代码，第四位代表班级序号，即 01 为"计算机一班"，02 为"计算机二班"，03 为"计算机三班"，04 为"计算机四班"。

5）根据"2016 级计算机"工作表创建一个数据透视表，放置于表名为"班级平均分"的新工作表中，工作表标签颜色设置为红色。要求数据透视表中按照英语、体育、高等数学、大学物理、思想道德修养、职业生涯规划、计算机导论、形势与政治、健康教育的顺序统计各班各科成绩的平均分，其中行标签为班级。为数据透视表格内容套用带标题行的"数据透视表样式中等深浅 15"的表格格式，所有列的对齐方式设为居中，成绩的数字保留 1 位小数。

6）在"班级平均分"工作表，针对各课程的班级平均分创建二维簇状柱形图，其中水平簇标签为班级，图例项为课程名称，并将图表放置在表格下方的 A10:H30 单元格区域中。

3．演示文稿。

为了宣传旅游行业，围绕"北京主要景点"进行介绍，包括文字、图片、音频等内容。请根据素材文档 "北京主要景点介绍文字.docx"完成制作，具体要求如下。

1）新建一份演示文稿，并以"北京主要景点介绍.pptx"为文件名保存到考生文件夹下。

2）第 1 张幻灯片中的标题设置为"北京主要景点介绍"，副标题为"历史的积淀"。

3）在第 1 张幻灯片中插入歌曲"北京欢迎你.mp3"，设置为自动播放，并设置声音图标在放映时隐藏。

4）第 2 张幻灯片的版式为"标题和内容"，标题为"北京主要景点"，在文本区域中以项目编号列表方式依次添加以下内容：天安门、故宫、天坛、八达岭长城、颐和园。

5）自第 3 张幻灯片开始按照天安门、故宫、天坛、八达岭长城、颐和园的顺序依次介绍北京各主要景点，相应的文字素材"北京主要景点介绍文字.docx"及图片文件均存放于考生文件夹下，要求每个景点介绍占用一张幻灯片。

6）最后一张幻灯片的版式设置为"空白"，并插入艺术字"北京欢迎你"。

7）将第 2 张幻灯片列表中的内容分别超链接到后面对应的幻灯片，并添加返回第 2 张幻灯片的动作按钮。

8）为演示文稿选择一种设计主题，要求字体和整体布局合理、色调统一，为每张幻灯片设置不同的幻灯片切换效果及文字和图片的动画效果。

9）除标题幻灯片外，其他幻灯片的页脚均包含幻灯片编号、日期和时间。

10）设置演示文稿放映方式为"循环放映，按 ESC 键终止"，换片方式为"手动"。

模拟试题 11

一、选择题

1. 下列描述正确的是（　　）。

   A. 数据的逻辑结构与存储结构是一一对应的

   B. 算法的时间复杂度与空间复杂度一定相关

   C. 算法的效率只与问题的规模有关，而与数据的存储结构无关

   D. 算法的时间复杂度是执行算法所需要的计算工作量

2. 下列不属于计算机特点的是（　　）。

   A. 处理速度快，存储量大　　　　　B. 具有逻辑推理和判断能力

   C. 存储程序控制，工作自动化　　　D. 不可靠，故障率高

3. 一棵二叉树中共有 80 个叶子结点与 70 个度为 1 的结点，则该二叉树中的总结点数为（　　）。

   A. 219　　　　　　B. 229　　　　　　C. 230　　　　　　D. 231

4. 字长为 7 位的无符号二进制整数能表示的十进制整数的数值范围是（　　）。

   A. 0～128　　　　B. 0～127　　　　C. 1～256　　　　D. 0～255

5. 下列描述中正确的是（　　）。

   A. 为了提高软件测试的效率，最好由程序编制者自己来完成软件测试的工作

   B. 软件测试的主要目的是确定程序中错误的位置

   C. 软件测试的主要目的是发现程序中的错误

   D. 软件测试是证明软件没有错误

6. 在结构化程序设计中，模块划分的原则是（　　）。

   A. 各模块之间的联系应尽量紧密

   B. 各模块的功能应尽量大

   C. 模块内具有高内聚度，模块间具有低耦合度

   D. 各模块应包括尽量多的功能

7. 下列对队列的描述中，正确的是（　　）。

   A. 队列在队尾删除数据

   B. 队列属于非线性表

   C. 队列按先进后出原则组织数据

   D. 队列按先进先出原则组织数据

8. 某二叉树中有 n 个度为 2 的结点，则该二叉树中的叶子结点数为（　　）。

   A. $n/2$　　　　　B. $2n$　　　　　C. $n+1$　　　　D. $n-1$

9. 下列选项中不属于面向对象程序设计特征的是（　　　）。

    A．类比性　　　　B．多态性　　　　C．封装性　　　　D．继承性

10. 根据《信息交换用汉字编码字符集 基本集》（GB 2312—1980）的规定，一个汉字的内码码长为（　　　）。

    A．2bit　　　　B．8bit　　　　C．12bit　　　　D．16bit

11. 下面不属于软件测试实施步骤的是（　　　）。

    A．单元测试　　B．集成测试　　C．回归测试　　D．确认测试

12. 在 E-R 图中，用来表示实体之间联系的图形是（　　　）。

    A．平行四边形　B．矩形　　　　C．菱形　　　　D．椭圆形

13. 在下列关系运算中，不改变关系表中的属性个数但能减少元组个数的是（　　　）。

    A．笛卡儿乘积　B．投影　　　　C．并　　　　　D．交

14. 下列选项中属于面向对象设计方法的主要特征的是（　　　）。

    A．自顶向下　　B．继承　　　　C．模块化　　　D．自底向上

15. 在关系模型中，每一个二维表称为一个（　　　）。

    A．属性　　　　B．关系　　　　C．元组　　　　D．主码（键）

16. 用高级程序设计语言编写的程序称为源程序，它（　　　）。

    A．具有良好的可读性和可移植性

    B．只能在专门的机器上运行

    C．可读性不好

    D．无须编译或解释，可直接在机器上运行

17. 在计算机的硬件技术中，构成存储器的最小单位是（　　　）。

    A．字　　　　　B．二进制位　　C．双字　　　　D．字节

18. 运算器的主要功能是进行（　　　）。

    A．加法运算　　　　　　　　　B．算术运算

    C．逻辑运算　　　　　　　　　D．算术运算和逻辑运算

19. 根据域名代码规定，GOV 代表（　　　）。

    A．政府部门　　B．公安部门　　C．商业机构　　D．教育机构

20. 操作系统将 CPU 的时间资源划分成极短的时间片，轮流分配给各终端用户，使用户单独分享 CPU 的时间片，有"独占计算机"的感觉，这种操作系统称为（　　　）。

    A．批处理操作系统　　　　　　B．实时操作系统

    C．分布式操作系统　　　　　　D．分时操作系统

二、操作题

1．文字处理。

公司将举办"创新产品展示说明会"，市场部助理小王需要制作会议邀请函，并寄送给相关的客户。请完成该工作，要求如下。

1）将"Word_素材.docx"重命名为"Word.docx"，后续操作均基于此文件。

2）将文档中"会议议程："段落后的 7 行文字转换为 3 列 7 行的表格，并根据窗口大小自动调整表格列宽。

3）为制作完成的表格套用一种表格样式，使表格更加美观。

4）为了可以在以后的邀请函制作中再次利用会议议程内容，将文档中的表格内容保存至"表格"部件库，并将其命名为"会议议程"。

5）将文档末尾处的日期调整为可以根据邀请函生成日期而自动更新的格式，日期格式为"2017 年 1 月 1 日"。

6）在"尊敬的"文字后面，插入拟邀请的客户姓名和称谓。拟邀请的客户姓名在素材文件夹下的"通讯录.xlsx"文件中，客户称谓则根据客户性别自动显示为"先生"或"女士"，如"刘维（先生）""黄玲（女士）"。

7）每个客户的邀请函占一页，且每页邀请函中只能包含一位客户姓名，所有的邀请函页面另外保存在一个名为"Word-邀请函.docx"的文件中。如果需要，删除"Word-邀请函.docx"文件中的空白页面。

8）本次会议邀请的客户均来自台资企业，因此，将"Word-邀请函.docx"中的所有文字内容设置为繁体中文格式，以便于客户阅读。

9）文档制作完成后，分别保存"Word.docx"和"Word-邀请函.docx"。

10）关闭 Word，并保存文件。

2．电子表格。

王老师是某大学信息专业的导员，为了了解学生每学期的学习效果，在期末考试结束后，王老师都会将班里学生主要科目的成绩输入文件名为"学生成绩单.xlsx"的 Excel 工作簿文档中，然后使用 Excel 来管理学生的成绩。请根据下列要求帮助王老师对该成绩单进行整理和分析。

1）对工作表"期末成绩单"中的数据列表进行格式化操作：将第一列"学号"列设为文本，将所有成绩列设为保留两位小数的数值；适当加大行高列宽，改变字体、字号，设置对齐方式，增加适当的边框和底纹以使工作表更加美观。

2）利用"条件格式"功能进行下列设置：将数学、物理或计算机基础 3 科中高于 90 分（包括 90 分）的成绩所在的单元格填充为绿色，将所有不及格的成绩数值设置为红色，利用 SUM 函数和 AVERAGE 函数计算每一个学生的总分和平均分。

3）复制工作表"期末成绩单"，将副本放置到原表之后；改变该副本表标签的颜色，并重新命名，新表名需包含"分类汇总"字样。

4）通过分类汇总功能求出班级中男生和女生的平均成绩，并将每组结果分页显示。

5）以分类汇总结果为基础，创建一个簇状柱形图，对男生和女生的平均成绩进行比较，并将该图表放置在一个名为"柱状分析图"新工作表中。

6）保存"期末成绩单.xlsx"文件。

3．演示文稿。

李东是软大科技公司的一名文秘，公司近期准备开展"提高员工满意度"的培训，李东已经整理了一份演示文稿的素材"提高员工满意度.pptx",请打开该文档进行美化,要求如下。

1)在第 1 张幻灯片中建立 1～6 个方框的链接,单击方框时,可转到与其对应的幻灯片上,同时取消每张幻灯片单击切换的功能。另外,为第 2～第 6 张幻灯片各自定义一个图形链接,要求图形中包含"返回"两字。

2)为演示文稿应用一个主题。注意:应用的主题风格要适合演示文稿的内容。

3)在第 2 张幻灯片中,将文本框中包含的流程文字利用 SmartArt 图形展现。

4)为第 3 张幻灯片设置一个图案填充效果。

5)将第 4 张幻灯片的内容通过一个 6 行 3 列的表格来显示。

6)为第 5 张幻灯片中的箭头图片设计一个进入的动画效果,将动画效果的显示时间适当放慢,并设定一个自动播放的时间。

7)将第 6 张幻灯片的版式设计为"图片和标题",并插入素材文件下的"插图.jpg"文件到图片框中。

8)为第 7 张幻灯片设计一个切换效果,并添加一个声音效果。

9)保存制作完成的演示文稿,并以原文件名命名。

模拟试题 12

一、选择题

1. 下列设备组中，完全属于输入设备的一组是（　　）。
   A．软盘、键盘、鼠标
   B．打印机、键盘、显示器
   C．键盘、鼠标、扫描仪
   D．打印机、硬盘、条码阅读器

2. 下列叙述中，错误的是（　　）。
   A．良好的程序设计要求程序的可读性好
   B．良好的程序设计要求程序的效率第一、清晰第二
   C．良好的程序设计要求输入数据前要有提示信息
   D．良好的程序设计要求程序中要有必要的注释

3. 实现信息隐蔽，需要使用（　　）技术。
   A．多态　　　　　　　B．继承　　　　　　　C．分类　　　　　　　D．封装

4. 下列叙述中正确的是（　　）。
   A．程序执行的效率与数据的存储结构必定是一一对应的
   B．由于计算机存储空间是向量式存储结构，因此数据存储结构一定是线性结构
   C．程序设计语言中的数据一般是顺序存储结构，因此利用数据只能处理线性结构
   D．常用的数据存储结构有顺序、链接和索引等

5. 下列对软件的理解正确的是（　　）。
   A．软件是指算法和数据结构
   B．软件是指程序和文档
   C．软件是指程序
   D．软件是指程序、数据与相关文档的完整结合

6. 一棵二叉树中共有 50 个叶子结点与 60 个度为 1 的结点，则该二叉树中的总结点数为（　　）。
   A．158　　　　　　　B．159　　　　　　　C．150　　　　　　　D．149

7. 冒泡排序在最坏情况下的比较次数是（　　）。
   A．$n(n-1)/2$　　　　B．$n\log 2n$　　　　C．$n(n+1)/2$　　　　D．$n/2$

8. 下列叙述中，正确的是（　　）。
   A．二维表中元组的分量是不可分割的基本数据项
   B．为了建立一个关系，首先要构造数据的逻辑关系

C. 关系的框架称为关系模式

D. 以上都正确

9. 以下属于过程控制的应用的是（　　　）。

    A. 控制、装配零件

    B. 宇宙飞船的制导

    C. 生产车间大量使用机器人

    D. 冶炼车间由计算机根据炉温控制加料

10. 在标准 ASCII 编码表中，已知英文字母 A 的 ASCII 值是 01000001，则英文字母 F 的 ASCII 值是（　　　）。

    A. 01000011　　　　B. 01000110　　　　C. 01000101　　　　D. 01000010

11. 下列叙述中，错误的是（　　　）。

    A. 数据库技术的根本目标是要解决数据的共享问题

    B. 数据库系统是一个独立的系统，不需要操作系统的支持

    C. 数据库管理系统是数据库系统的核心

    D. 数据库中的数据具有"集成""共享"的特点

12. 下列各类计算机程序语言中，不属于高级程序设计语言的是（　　　）。

    A. Visual C++　　　B. Visual Basic　　　C. Java　　　　　D. 汇编语言

13. 下列各进制的整数中，值最小的一个是（　　　）。

    A. 八进制数 403　　　　　　　　　　B. 十进制数 200

    C. 十六进制数 167　　　　　　　　　D. 二进制数 10111101

14. CPU 中，除了内部总线和必要的寄存器外，主要的两大部件分别是（　　　）。

    A. 控制器、运算器　　　　　　　　　B. 存储器、控制器

    C. Cache、运算器　　　　　　　　　D. 编辑器、Cache

15. 在下列网络的传输介质中，抗干扰能力最弱的一个是（　　　）。

    A. 双绞线　　　　B. 同轴电缆　　　　C. 光缆　　　　　D. 电话线

16. Excel 和 PowerPoint 等软件属于（　　　）。

    A. 应用软件　　　B. 网络软件　　　C. 管理软件　　　D. 系统软件

17. 下列度量单位中，用来度量计算机网络数据传输速率（比特率）的是（　　　）。

    A. bit/s　　　　　B. MIPS　　　　　C. GHz　　　　　D. Mbit/s

18. 计算机感染病毒的可能途径之一是（　　　）。

    A. 用扫描仪扫描数据

    B. 电源断电

    C. 所使用的光盘表面不清洁

    D. 未经杀毒软件检查，直接运行 U 盘上的文件或软件

19. 软件开发过程中，设计阶段产生的重要文档之一是（　　　）。

    A. 详细设计说明书　　　　　　　　　B. 软件需求规格说明书

    C. 可行性研究报告　　　　　　　　　D. 测试用例

20. 在公司中，"公司"与"职员"两个实体集之间的联系属于（　　　）。

　　A．一对一　　　　　B．一对多　　　　　C．多对一　　　　　D．多对多

二、操作题

1. 文字处理。

王涛是一名公司职员，今年 30 岁，他希望能得到更好的工作机会。为获得更多公司的关注，他打算利用 Word 精心制作一份个人简历，提供给公司的人事部门，示例样式如考生文件夹中"个人简历参考样式"所示，要求如下。

1）调整文档版面，要求纸张大小为 A4，上、下页边距均为 3 厘米，左、右页边距均为 4.2 厘米。

2）根据页面布局需要，在适当的位置插入标准色为蓝色的矩形与标准色为白色的圆角矩形，其中蓝色矩形占满 A4 幅面，文字环绕方式设为"衬于文字下方"，作为简历的背景。

3）参照示例文件，插入标准色为蓝色的圆角矩形，并添加文字"工作经验及特长"，插入一个圆点的虚线圆角矩形框。

4）参照示例文件，插入文本框和文字，并调整文字的字体、字号、位置和颜色。

5）根据页面布局需要，插入考生文件夹中的图片"1.png"，依据样例进行剪裁和调整，并删除图片的剪裁区域；然后根据需要插入图片"2.jpg""3.jpg""4.jpg"，并调整图片位置。

6）参照示例文件，在适当的位置使用形状中的标准色蓝色箭头（提示：其中纵向箭头使用线条类型箭头），插入 SmartArt 图形，并进行适当编辑。

7）参照示例文件，在"较好的语言表达能力及客户沟通能力"等 4 处使用项目符号"对钩"，在"大学期间"等 4 处插入符号"五角星"，颜色为标准红色。调整各部分的位置、大小、形状和颜色，以展现统一、良好的视觉效果。

2. 电子表格。

王丽是一名全职太太，为了节省家庭开支，她习惯使用 Excel 表格来记录每个月的家庭开支情况，在 2015 年年底，王丽将每个月各类支出的明细数据输入文件名为"家庭开支明细表.xlsx"的 Excel 工作簿文档中。请你根据下列要求帮助王丽对明细表进行整理和分析。

1）在工作表"王丽的家庭开支"的第一行添加表标题"王丽 2015 年度家庭开支明细"，并通过合并单元格，放于整个表的上端、居中。

2）将工作表应用一种主题，并增大字号，适当加大行高列宽，设置居中对齐方式，除表标题"王丽 2015 年度家庭开支明细"外为工作表分别增加恰当的边框和底纹，以使工作表更加美观。

3）将每月各类支出及总支出对应的单元格数据类型都设为"货币"类型，无小数、有人民币货币符号。

4）通过函数计算每个月的总支出、各个类别月均支出、每月平均总支出，并按每个月总支出降序对工作表进行排序。

5）利用"条件格式"功能：将月单项开支金额中大于 1500 元的数据所在单元格以不同的字体颜色与填充颜色突出显示；将月总支出额中大于月均总支出 110%的数据所在单元格以另一种颜色显示，所用颜色深浅以不遮挡数据为宜。

6）在"年月"与"饮食"列之间插入新列"季度"，数据根据月份由函数生成。例如，1～3 月对应"1 季度"，4～6 月对应"2 季度"。

7）复制工作表"王丽的家庭开支"，将副本放置到原表右侧；改变该副本工作表标签的颜色，并重命名为"按季度汇总"；删除"月均开销"对应行。

8）通过分类汇总功能，按季度升序求出每个季度各类开支的月均支出金额。

9）在"按季度汇总"工作表后面新建名为"折线图"的工作表，在该工作表中以分类汇总结果为基础，创建一个带数据标记的折线图，水平轴标签为各类开支，对各类开支的季度平均支出进行比较，给每类开支的最高季度月均支出值添加数据标签。

3．演示文稿。

请根据提供的"ppt 制作要求.docx"要求文件来设计制作演示文稿，并以文件名"ppt.pptx"进行保存，具体要求如下。

1）演示文稿中需包含 5 页幻灯片，每页幻灯片的内容与"ppt 制作要求.docx"文件中的序号内容相对应，并为演示文稿选择一种内置主题。

2）设置第 1 张幻灯片为标题幻灯片，标题为"人文素质"，副标题包含制作单位"信息工程学院"和制作日期（格式：××××年××月××日）内容。

3）设置第 3、第 4 张幻灯片为不同版本，并根据文件"ppt 制作要求.docx"内容将其所有文字布局到各对应幻灯片中。

4）根据"ppt 制作要求.docx"文件中的动画类别提示设计演示文稿中的动画效果，并保证各幻灯片中的动画效果先后顺序合理。

5）在幻灯片中突出显示"ppt 制作要求.docx"文件中标红文字部分，包括字体、字号、颜色等。

6）把第 2 张幻灯片作为目录页，采用垂直框列表 SmartArt 图形表示"ppt 制作要求.docx"文件中要介绍的两项内容，并为每项内容设置超链接，单击各超链接时跳转到相应幻灯片。

7）设置第 5 张幻灯片为"空白"版式，并修改该页幻灯片背景为纯色填充。

8）在第 5 张幻灯片中插入包含英文"End"的艺术字，并设置其动画动作路径为圆形。设置完成后保存文件。

参 考 答 案

习题 1

一、选择题

1. C   2. B   3. B   4. B   5. C   6. B   7. C   8. A

二、填空题

1. 软件系统
2. 冯·诺依曼
3. 系统软件
4. 计算机辅助教学

习题 2

一、选择题

1. B   2. D   3. C   4. A   5. D   6. B   7. D   8. A   9. B
10. D

二、填空题

1. 操作系统
2. 任务栏
3. 复制
4. 只读、隐藏
5. 微软
6. 磁盘清理
7. 【Ctrl】   【Shift】
8. 磁盘碎片整理程序
9. 记事本
10. 存放路径

习题 3

一、选择题

1. A　　2. D　　3. A　　4. B　　5. D　　6. D　　7. B　　8. A　　9. C
10. B

二、填空题

1. 页面布局
2. 水平
3. 拆分
4. 段落标记
5. 打开
6.【Enter】
7. 选中
8. 活动或者当前
9.【Alt】
10. 页眉与页脚

习题 4

一、选择题

1. B　　2. D　　3. B　　4. C　　5. A

二、填空题

1. 工作表
2.【Ctrl】
3. 排序
4. =D5+E$3

三、简答题

1. 在 Excel 2016 中，用来存储并处理数据的一个或多个工作表的集合称为工作簿，文件扩展名为.xlsx。Excel 2016 的工作簿包括若干工作表，单击工作表的标签，可以在同一工作簿不同工作表之间切换，也可以根据需要随时插入新的工作表或删除已有的工作表。工作表是由列和行交叉区域所构成的单元格组成的，单元格是组成工作表的最小单位。

2. 相对引用是指当公式（或函数）被复制到其他位置时，公式（或函数）中的单元格引用也做相应的调整，使得这些单元格和公式（或函数）所在的单元格之间的相对位置不变。绝对引用使用 "$" 符号来引用单元格的地址，其特点是公式在进行复制时，绝对引用单元格将不随公式位置变化而变化。

3. 如果文本全部由数字组成，为了避免被 Excel 2016 认定为数值型数据，则在文本前加单撇号 "'"。也可以单击 "开始"→"单元格"→"格式" 下拉按钮，在弹出的下拉列表中选择 "设置单元格格式" 选项，打开 "设置单元格格式" 对话框，单击 "数字" 选项卡，选择 "文本" 选项。

习题 5

一、选择题

1. D　2. C　3. C　4. B　5. C　6. D　7. A　8. B

二、填空题

1. 广播幻灯片和发布幻灯片
2. 母版
3. 幻灯片切换的设置
4. 幻灯片母版中
5. 单击　拖动
6. 自动　单击时

习题 6

一、选择题

1. A　2. C　3. B　4. A　5. B　6. A　7. D　8. B　9. D
10. B

二、填空题

1. 资源共享
2. 网络浏览器
3. 星形
4. 网卡
5. IP 地址
6. HTTP
7. 光缆
8. 传输介质

习题 7

一、选择题

1. C   2. B   3. A   4. B   5. A   6. D   7. B   8. B   9. C
10. D

二、填空题

1. psd 格式
2. 原位粘贴   贴入   外部粘贴
3. 色彩
4. 下面
5. 油漆桶工具   渐变工具
6. RGB 颜色模式   CMYK 颜色模式   Lab 颜色模式   灰度颜色模式   索引颜色模式
7. 选区
8. 添加锚点   删除锚点
9. 矢量图形
10. 新建效果图层

习题 8

一、选择题

1. D   2. D   3. A   4. A   5. A   6. C   7. D   8. B   9. C
10. B

二、填空题

1. 时间轴面板
2. 弹起   指针经过   按下   单击
3. 库
4. 过渡帧
5. 对齐
6. 图形   按钮   影片剪辑
7. 【Ctrl+F8】
8. 属性面板
9. 动态文本
10. 2

习题 9

一、选择题

1. B　　2. C　　3. A　　4. D　　5. B　　6. B　　7. B　　8. C　　9. D
10. C

二、填空题

1. 医院信息系统
2. 实验室信息系统
3. 临床诊疗部分
4. 门诊医生
5. 住院医生
6. LIS 系统
7. 电子病历系统
8. 开出电子检验检查申请单
9. LIS
10. 护士工作站

第 3 部分　计算机应用基础综合练习

1. A　2. A　3. C　4. B　5. A　6. B　7. B　8. B　9. A　10. B
11. B　12. B　13. A　14. B　15. D　16. B　17. B　18. D　19. C　20. A
21. C　22. D　23. B　24. C　25. C　26. A　27. A　28. C　29. D　30. A
31. D　32. C　33. A　34. B　35. D　36. B　37. A　38. A　39. A　40. D
41. D　42. C　43. C　44. A　45. B　46. B　47. B　48. B　49. D　50. D
51. C　52. B　53. A　54. B　55. C　56. D　57. D　58. C　59. D　60. A
61. B　62. C　63. B　64. C　65. D　66. C　67. D　68. D　69. A　70. B
71. A　72. B　73. B　74. D　75. B　76. B　77. C　78. B　79. A　80. C
81. A　82. B　83. B　84. C　85. C　86. B　87. B　88. B　89. D　90. C
91. A　92. D　93. D　94. D　95. C　96. C　97. D　98. A　99. C　100. D

模拟试题 1

一、选择题

1. D　　2. A　　3. D　　4. B　　5. D　　6. D　　7. C　　8. A　　9. B　　10. D
11. B　12. C　13. B　14. A　15. B　16. D　17. B　18. A　19. C　20. C

二、操作题

1．文字处理。

1）【解析】

单击"布局"→"页面设置"选项组右下角的"页面设置"按钮，打开"页面设置"对话框，在"纸张"选项卡中设置页面高度和宽度，在"页边距"选项卡中设置页边距的具体数值。

2）【解析】

单击"设计"→"页面背景"→"页面颜色"下拉按钮，在弹出的下拉列表中选择"填充效果"选项，打开"填充效果"对话框；在对话框中切换到"图片"选项卡，单击"选择图片"按钮，打开"插入图片"对话框，选择路径为考生文件夹，选中"宣传画背景图片.jpg"，单击"插入"按钮返回上一对话框中，单击"确定"按钮完成操作。

3）【解析】

本小题主要考核段落格式的设置。注意："两个段落的间距"指的是两个段落之间的段前、段后间距。

4）【解析】

选中要修改的文字，在工具栏中修改文字的字号、字体和颜色。

5）【解析】

保存文件。

2．电子表格。

1）【解析】

选中标题行中需要合并的A1:I1单元格区域，单击"开始"→"对齐方式"→"合并后居中"按钮，即可一次完成合并、居中两个操作。

2）【解析】

设置数据格式：选中"编号"列，单击"开始"→"数字"选项组右下角的"数字格式"按钮，打开"设置单元格格式"对话框，在"数字"选项卡"分类"列表框中选择"文本"选项即可；选中D3:I23单元格区域，单击"开始"→"数字"选项组右下角的"数字格式"按钮，打开"设置单元格格式"对话框，在"数字"选项卡"分类"列表框中选择"数值"选项，在"小数位数"文本框中输入"0"。

设置单元格的行号和列宽：选中数据表中A1:I23单元格区域，单击"开始"→"单元格"→"格式"下拉按钮，在弹出的下拉列表中分别选择"行高"选项和"列宽"选项设置行高和列宽的值。

设置单元格文本格式：继续选中A1:I23单元格区域，单击"开始"→"字体"选项组中的相应按钮，设置单元格中文本的字体、字号；单击"对齐方式"→"居中"按钮，设置单元格文本居中对齐。

设置单元格边框和底纹样式：选中要设置底纹的行，单击"开始"→"字体"→"填充颜色"按钮,可以为选定的单元格设置一种底纹;选中 A2:I23 单元格区域,单击"开始"→"字体"→"边框"按钮,可以为单元格设定边框线。

3)【解析】

选中 D3:E23 单元格区域,单击"开始"→"样式"→"条件格式"下拉按钮,在弹出的下拉列表中选择"突出显示单元格规则"→"小于"选项,打开"小于"对话框,在设置值的文本框中输入"400",在"设置为"下拉列表中选择"红色文本"选项,单击"确定"按钮;选中 F3:G23 单元格区域,单击"开始"→"样式"→"条件格式"下拉按钮,在弹出的下拉列表中选择"突出显示单元格规则"→"大于"选项,打开"大于"对话框,在设置值的文本框中输入"800",在"设置为"下拉列表中选择"自定义格式"选项,在打开的"设置单元格格式"对话框"字体"选项卡"颜色"下拉列表中选中一种颜色,作为文本突出显示的颜色,单击"确定"按钮,继续单击"确定"按钮完成设置。

4)【解析】

在 H3 单元格中输入公式"=AVERAGE(D3:G3)",在 I3 单元格中输入公式"=SUM(D3:G3)";选中 H3:I3 单元格区域,使用智能填充的方法复制公式到此两列的其他单元格中。

5)【解析】

右击"全年销售业绩"标签名称,在弹出的快捷菜单中选择"移动或复制"命令,打开"移动或复制工作表"对话框;选中对话框中的"建立副本"复选框,然后在"下列选定工作表之前"列表框中选择"移至最后",单击"确定"按钮,建立工作表副本——"全年销售业绩(2)";继续右击"全年销售业绩(2)"标签,通过快捷菜单中的"重命名"命令修改工作表名称,通过"工作表标签颜色"命令设定表标签的颜色。

3. 演示文稿。

1)【解析】

首先选中第 1 张幻灯片中的第 1 个方框,然后单击"插入"→"链接"→"链接"按钮,打开"插入超链接"对话框,在对话框最左边的"链接到"列表中选择"本文档中的位置",接着在"请选择文档中的位置"列表框中选择"幻灯片标题"→"什么是流行性感冒?和普通感冒的区别"幻灯片,单击"确定"按钮,即可建立文本与幻灯片的链接。以同样的方法,设置其他 4 个方框的链接。单击"插入"→"插图"→"形状"下拉按钮,在弹出的下拉列表中选择一种图形,然后添加到第 2 张幻灯片中,并在图形中添加文本"返回";然后参照插入文本链接的操作步骤,为该图形建立一个链接,该链接对象为"1. 幻灯片 1"页。最后将该图形复制到第 3~第 6 页幻灯片中。

设置幻灯片切换方式:在"切换"选项卡"计时"选项组中,取消选中切换方式下方的"单击鼠标时"复选框,然后单击"全部应用"按钮,即可取消每张幻灯片单击切换的功能。

2）【解析】

选中第 2 张幻灯片，单击"设计"→"背景"→"自定义"→"设置背景格式"按钮，打开"设置背景格式"窗口；在"设置背景格式"窗口中单击"填充"按钮，选中"图案填充"单选按钮，接着在其下方选择一种图案，单击"关闭"按钮。

3）【解析】

选中第 4 张幻灯片页中的箭头对象，单击"动画"→"动画"选项组中的一种动画按钮，即可指定播放时的动画。

4）【解析】

选中第 6 张幻灯片，单击"插入"→"图像"→"图片"下拉按钮，在弹出的下拉列表中选择"此设备"选项，打开"插入图片"对话框，将考生文件夹下的"插图.jpg"插入到幻灯片中。

5）【解析】

选中第 6 张幻灯片，单击"切换"→"切换到此幻灯片"选项组中的一种切换按钮，即可设置该幻灯片的切换效果；在"切换"→"计时"→"声音"下拉列表中选择一种音效作为切换时的音乐。

6）【解析】

单击快速访问工具栏中的"保存"按钮即可保存修改。

模拟试题 2

一、选择题

1．C　2．B　3．B　4．B　5．A　6．D　7．B　8．C　9．B　10．C
11．D　12．A　13．C　14．B　15．C　16．D　17．A　18．B　19．A　20．D

二、操作题

1．文字处理。

1）【解析】

设置页面格式：单击"布局"→"页面设置"选项组右下角的"页面设置"按钮，打开"页面设置"对话框，在"页边距"选项卡中设置页边距上、下、左、右均为 3 厘米，设置装订线位置为靠左。

设置水印页面背景：单击"设计"→"页面背景"→"水印"下拉按钮，在弹出的下拉列表中选择"自定义水印"选项，打开"水印"对话框；在对话框中选中"文字水印"单选按钮，然后输入水印文字"长征 5 号"，水印版式为"斜式"，单击"确定"按钮完成操作。

2）【解析】

选定第 1 段文字，在"开始"选项卡"样式"选项组中设置样式为"标题"；使用同样的方法将第 2 段文字设置为副标题。选中全部正文文字，单击"开始"→"段落"

选项组右下角的"段落设置"按钮，打开"段落"对话框，在对话框中适当设置行间距和段间距（要改变默认设置，具体设置的数值不限）。

3）【解析】

选中第3～第8段文字，单击"开始"→"段落"选项组右下角的"段落设置"按钮，打开"段落"对话框，在"缩进和间距"选项卡中设置首行缩进2字符。选中第4段的段首"长征五号是名副其实的'膀大腰圆'。"，在"开始"选项卡"字体"组中将其设置为斜体、加粗、红色，加双下划线。

4）【解析】

单击"插入"→"表格"选项组中的"表格"下拉按钮，选择插入2列5行的表格。

2．电子表格。

1）【解析】

打开"第一年销售情况表"工作表，在D2单元格中输入公式"=C2*基本信息表!C2"计算第一种产品的销售额。拖动右下角的填充柄，一直拖动到最后一个数据行。选中D列，单击"开始"→"数字"选项组右下角的"数字格式"按钮，打开"设置单元格格式"对话框。在对话框中的"数字"选项卡中将格式设置为数值型，保留小数点后0位。打开"第二年销售情况表"工作表，重复上述操作。

2）【解析】

打开"汇总图表"工作表，在C2单元格中输入公式"=第一年销售情况表!C2+第二年销售情况表!C2"计算第一种产品的销售总量，拖动右下角的填充柄，一直拖动到最后一个数据行，并设置单元格格式数值保留小数点后0位。在D2单元格中输入公式"=第一年销售情况表!D2+第二年销售情况表!D2"计算第一种产品的销售总额，拖动右下角的填充柄，一直拖动到最后一个数据行，并设置单元格格式数值为0位。在E2单元格中输入公式"=RANK(D2,$D$2:$D$21)"计算第一种产品的销售总额，拖动右下角的填充柄，一直拖动到最后一个数据行。注意：在使用单元格绝对引用符号"$"后，若多行或多列地复制或填充公式，相关单元格内容保持不变。

3）【解析】

在工作表"汇总图表"中将光标置入G1单元格中，单击"插入"→"表格"→"数据透视表"按钮，打开"创建数据透视表"对话框。选中"选择一个表或区域"单选按钮，在"表/区域"文本框中输入单元格区域为"汇总图表!$A$1:$E$21"；选中"现有工作表"单选按钮，放置位置为"汇总图表!$G$1"，然后单击"确定"按钮。在工作表右侧出现一个"数据透视表字段列表"任务窗格。在"选择要添加到报表的字段"列表框中选择"产品型号"，拖动到"在以下区域间拖动字段"选项组的"行标签"下面。同理拖动"产品类别代码"字段到"列标签"下，拖动"近两年销售总额"字段到"数值"下。保存Excel文档并退出Excel程序。

3．演示文稿。

1）【解析】

选择第 1 张幻灯片，单击"开始"→"幻灯片"→"版式"下拉按钮，在弹出的下拉列表中选择"标题幻灯片"即可。单击"开始"→"幻灯片"→"新建幻灯片"下拉按钮，在弹出的下拉列表中选择"仅标题"即可新建第 2 张幻灯片。同理依次添加剩余的 6 张幻灯片，并设置第 3～第 7 张为"两栏内容"版式，第 8 张为"空白"版式。单击"设计"→"自定义"→"设置背景格式"按钮，打开"设置背景格式"窗口，选中"渐变填充"单选按钮，然后单击"颜色"下拉按钮，并在弹出的下拉列表中选择任意颜色。最后单击"应用到全部"按钮，然后单击"关闭"按钮完成设置。

2）【解析】

选择第 1 张幻灯片，使其成为当前幻灯片，在标题栏中输入文字"火车发展简史"。选择第 2 张幻灯片，使其成为当前幻灯片，在标题栏中输入文字"火车发展的几个阶段"。

3）【解析】

选择第 3 张幻灯片，使其成为当前幻灯片。使用复制、粘贴方法将素材中的黑体字复制到标题栏中；同样将下面的 4 段文字复制到幻灯片的左侧内容区。单击右侧内容区的"插入来自图片的文件"按钮，在打开的"插入图片"对话框中找到文件夹下对应的图片将其插入幻灯片中。使用同样的方法将素材文本和考生文件夹下的图片插入第 4～第 7 张幻灯片。选择第 8 张幻灯片，使其成为当前幻灯片，单击"插入"→"文本"→"艺术字"下拉按钮，在弹出的下拉列表中选择一种艺术字样式，然后输入艺术字的文字"谢谢"。

4）【解析】

设置动画效果：选中第 3～第 7 张幻灯片，单击"动画"→"动画"选项组中的任意一种动画样式，设置完毕将全部幻灯片从头到尾播放一遍，检查一下前面设置动画及幻灯片切换的效果。

模拟试题 3

一、选择题

1．A　2．C　3．C　4．B　5．B　6．C　7．D　8．C　9．D　10．B
11．D　12．C　13．A　14．D　15．D　16．A　17．D　18．A　19．D　20．C

二、操作题

1．文字处理。

1）【解析】

选中"Word 素材.docx"文件，右击，在弹出的快捷菜单中选择"重命名"命令，然后将文件"Word 素材"修改成"邀请函"，在空白区域单击即可。

2）【解析】

单击"布局"→"页面设置"选项组右下角的"页面设置"按钮，打开"页面设置"对话框，在"纸张"选项卡中设置页面高度和宽度，在"页边距"选项卡中设置页边距的具体数值。

3）【解析】

单击"设计"→"页面背景"→"页面颜色"下拉按钮，在弹出的下拉列表中选择"填充效果"选项，打开"填充效果"对话框；在对话框中切换到"图片"选项卡，单击"选择图片"按钮，打开"插入图片"对话框，选择路径为考生文件夹，选中"背景图片.jpg"，单击"插入"按钮返回上一对话框中，单击"确定"按钮完成操作。

4）【解析】

单击"开始"→"字体"选项组中的相应按钮，可进行相关设置，设置文本格式时，要先选中对应的文本内容；单击"开始"→"段落"选项组中的相应按钮可设置段落对齐格式。

5）【解析】

保存文件。

2．电子表格。

1）【解析】

在文件夹中选中"Excel 素材.xlsx"文件，右击，在弹出的快捷菜单中选择"重命名"命令，然后将文件"Excel 素材"修改成"Excel"，在空白区域单击即可。

2）【解析】

套用表格格式：在"明细"工作表中选中数据表（A2:H636 单元格区域），单击"开始"→"样式"→"套用表格格式"下拉按钮，在弹出的下拉列表中选择一种样式即可。

设置数字格式：在"明细"工作表中选中"单价"列和"小计"列，单击"开始"→"数字"选项组右下角的"数字格式"按钮，打开"设置单元格格式"对话框，在"数字"选项卡"分类"列表框中选择"会计专用"选项，在"货币符号"下拉列表中选择"￥"符号即可。

3）【解析】

在"明细"工作表中，选择 E3 单元格，输入公式"=VLOOKUP(D3,表 2[#全部],2,0)"；复制 E3 单元格中的公式到该列其他单元格中即可。

4）【解析】

在"明细"工作表中，选择 F3 单元格，输入公式"=VLOOKUP(D3,表 2[#全部],3,0)"。拖动 F3 单元格右下角的填充柄，一直拖动到 F636 单元格上，即可将 F3 单元格中的公式复制到该列其他单元格中。

5）【解析】

在"明细"工作表中，选择 H3 单元格，输入公式"=G3*F3"；拖动 H3 单元格右下角的填充柄，一直拖动到 H636 单元格上，即可将 H3 单元格中的公式复制到该列其他单元格中。

6）【解析】

在"统计"工作表中，选择 B3 单元格，输入公式"=SUM(明细!H3:H636)"。

7）【解析】

单击"保存"按钮保存 Excel 文件。

3．演示文稿。

1）【解析】

复制文档内容：打开 Word 文档"图书选题策划报告.docx"，为方便操作先设置一下视图。切换到"视图"选项卡，在"显示"选项组中选中"导航窗格"复选框，此时在 Word 窗口左侧显示"导航"任务窗格，显示出文档的标题级别层次；启动 PowerPoint，复制 Word 文档内容到幻灯片中。新建幻灯片，Word 文档中每一个"标题 1"的内容占据一张幻灯片。

设置标题级别：在幻灯片中选中需要设置标题级别的内容，单击"开始"→"段落"→"提高列表级别"按钮或"降低列表级别"按钮，即可提升或降低标题层次。

2）【解析】

默认情况下，启动 PowerPoint 后会自动新建一个演示文稿，内含一个空白幻灯片，其版式即为"标题幻灯片"版式。如需修改幻灯片版式可将该幻灯片作为当前幻灯片，单击"开始"→"幻灯片"→"版式"下拉按钮，在弹出的下拉列表中选择一种版式即可。

3）【解析】

切换到"设计"选项卡，在"主题"选项组中列出了部分主题样式，可以单击列表框右下角的"其他"按钮，在弹出的列表框中选择一种即可。

4）【解析】

将该幻灯片作为当前幻灯片，单击"插入"→"表格"→"表格"下拉按钮，在弹出的下拉列表中选择"插入表格"选项，打开"插入表格"对话框，输入表格的行数和列数即可。插入表格后，按试题要求输入文字内容。

5）【解析】

单击"幻灯片放映"→"开始放映幻灯片"→"自定义幻灯片放映"下拉按钮，在弹出的下拉列表中选择"自定义放映"选项，打开"自定义放映"对话框；在"自定义放映"对话框中单击"新建"按钮，打开"定义自定义放映"对话框。在"幻灯片放映名称"文本框中输入"放映方案 1"，"在演示文稿中的幻灯片"列表框中列出了所有幻灯片的标题，选中其中一个标题，单击"添加"按钮可将此张幻灯片添加到"在自定义放映中的幻灯片"列表框中，此列表框中的幻灯片就是"放映方案 1"中将要播放的。"在自定义放映中的幻灯片"列表框中选中某张幻灯片标题，单击"删除"按钮可在放映方案中取消该张幻灯片；单击方向按钮可更改放映方案中幻灯片的播放顺序。单击"确定"按钮返回"自定义放映"对话框，单击"关闭"按钮退出，单击"放映"按钮可观看放映效果。

模拟试题 4

一、选择题

1．A　2．D　3．A　4．A　5．B　6．C　7．A　8．D　9．A　10．C
11．D　12．D　13．C　14．C　15．D　16．C　17．C　18．D　19．A　20．B

二、操作题

1．文字处理。

1）【解析】

在文件夹中选中"Word 素材.docx"文件，右击，在弹出的快捷菜单中选择"重命名"命令，然后将文件名称"Word 素材"修改成"Word"，在空白区域单击即可。

2）【解析】

设置页面格式：单击"布局"→"页面设置"选项组右下角的"页面设置"按钮，打开"页面设置"对话框，在"纸张"选项卡中设置页面高度和宽度，在"页边距"选项卡中设置页边距的具体数值。

设置页面背景：单击"设计"→"页面背景"→"页面颜色"下拉按钮，在弹出的下拉列表中选择"填充效果"选项，打开"填充效果"对话框；在对话框中切换到"图片"选项卡，单击"选择图片"按钮，打开"插入图片"对话框，选择路径为考生文件夹，选中"Word-海报背景图片.jpg"，单击"插入"按钮返回"填充效果"对话框，单击"确定"按钮完成操作。

3）【解析】

单击"开始"→"字体"选项组中的相应按钮可进行相关设置，设置文本格式时，要先选中对应的文本内容。单击"开始"→"段落"选项组右下角的"段落设置"按钮，打开"段落"对话框，对文档中的内容设置段落行间距和段前、段后间距等格式。

4）【解析】

本小题主要考核文字的输入，重点是"堃"字。如果能掌握该字的发音（kūn），使用拼音输入法可以轻松输入；否则只能使用五笔输入法输入。

5）【解析】

分页和设置页面：将光标放在将要分页之处，单击"布局"→"页面设置"选项组右下角的"页面设置"按钮，打开"页面设置"对话框；切换到"纸张"选项卡，在"纸张大小"下拉列表中选择"A4"，注意一定要在"应用于"下拉列表中选择"插入点之后"选项；切换到"页边距"选项卡，在"纸张方向"选项组中选择"横向"图标，在"应用于"下拉列表中保持默认选项"插入点之后"，单击"确定"按钮即可插入一个已调整完页面设置的新页。

设置页边距样式：将光标置入第二页中，单击"布局"→"页面设置"→"页边距"下拉按钮，在弹出的下拉列表中选择"常规"即可。

6）【解析】

打开 Excel 文件"Word-活动日程安排.xlsx"，选择相应的单元格区域，执行复制操作；在 Word 文档中，将光标放在"日程安排"段落下面。单击"开始"→"剪贴板"→"粘贴"下拉按钮，在弹出的"粘贴选项"列表中选择"保留源格式"选项。

2．电子表格。

1）【解析】

在文件夹中选中"Excel 素材.xlsx"文件，右击，在弹出的快捷菜单中选择"重命名"命令，然后将文件名称"Excel 素材.xlsx"修改成"成绩单.xlsx"，在空白区域单击即可。

2）【解析】

设置数字格式：选中"学号"列，单击"开始"→"数字"选项组右下角的"数字格式"按钮，打开"设置单元格格式"对话框，在"数字"选项卡"分类"列表框中选择"文本"选项即可。选中 D2:L19 单元格区域，单击"开始"→"数字"选项组右下角的"数字格式"按钮，打开"设置单元格格式"对话框，在"数字"选项卡"分类"列表框中选择"数值"选项，在"小数位数"下拉列表中选择"2"。

加大行高列宽，改变字体字号，设置对齐方式：注意行高和列宽要大于默认的行高和列宽值，对齐方式要设置为其他类型的对齐方式，设置字体、字号要不同于默认的字体，大于默认的字号。

添加边框和底纹：选中 A1:L19 单元格区域，单击"开始"→"字体"→"边框"下拉按钮，在弹出的下拉列表中选择"所有框线"选项；单击"填充颜色"下拉按钮，在弹出的下拉列表中选择一种颜色即可。

3）【解析】

选择 D、E、F 列的数据区域，单击"开始"→"样式"→"条件格式"下拉按钮，在弹出的下拉列表中选择"突出显示单元格规则"→"其他规则"选项，打开"新建格式规则"对话框；在"新建格式规则"对话框中进行设置：在"选择规则类型"中保持默认选择"只为包含以下内容的单元格设置格式"；在"编辑规则说明"下方的 3 个列表框中分别选择"单元格值""大于或等于""100"。单击"格式"按钮，打开"设置单元格格式"对话框，在"填充"选项卡中选择一种填充颜色。单击"确定"按钮返回上一对话框，单击"确定"按钮退出对话框。选择 G、H、I、J 列的数据区域，同理设置条件为"单元格值""大于""90"，注意选择另一种填充颜色。

4）【解析】

在 K2 单元格中输入公式"=SUM(D2:J2)"，在 L2 单元格中输入公式"=AVERAGE(D2:J2)"；选中 K2:L2 单元格区域，使用填充柄复制公式到此两列的其他单元格中。

5）【解析】

右击工作表标签，在弹出的快捷菜单中可以进行相关操作。

6）【解析】

数据排序：在"分类汇总"工作表中选中数据区域，单击"数据"→"排序和筛选"→"排序"按钮，打开"排序"对话框，设置"主要关键字"为"班级"字段，单击"确定"按钮，完成数据表的排序。

数据分类汇总：单击"数据"→"分级显示"→"分类汇总"按钮，打开"分类汇总"对话框，在"分类字段"下拉列表中选择"班级"；在"汇总方式"下拉列表中选择"平均值"；在"选定汇总项"列表框中选中"语文""数学""英语""历史""美术""音乐""体育"复选框；选中"每组数据分页"复选框。

7)【解析】

选中 A1:L19 单元格区域，然后单击"数据"→"分级显示"→"隐藏明细数据"按钮，此时表格中只显示汇总后的数据条目；在选中数据的状态下，单击"插入"→"图表"→"插入柱形图或条形图"下拉按钮，在弹出的下拉列表中选择"簇状柱形图"图表样式，此时会在工作表中生成一个图表；选中新生成的图表，单击"图表工具｜设计"→"位置"→"移动图表"按钮，打开"移动图表"对话框，选中"新工作表"单选按钮，在右侧的文本框中输入"柱状分析图"，单击"确定"按钮即可新建一个工作表且将此图表放置于其中。

3．演示文稿。

1)【解析】

启动 PowerPoint，在标题页的标题文本框中输入演示主题（内容不限），在副标题文本框中输入制作单位和日期等内容（日期内容不限，但格式必须是"××××年×月×日"）；新建多张幻灯片（5 张以上），根据 Word 文档"手足口病宣传.docx"的情况来选择不同的幻灯片版式（版式种类在 3 种以上），并将文档内容按标题不同粘贴到不同的区域中；在幻灯片中选中需要设置标题级别的内容，单击"开始"→"段落"→"提高列表级别"按钮或"降低列表级别"按钮，即可提高或降低标题层次。

2)【解析】

切换到"设计"选项卡，在"主题"选项组中列出了部分主题样式，可以单击列表框右下角的"其他"按钮，弹出全部主题样式列表，从中选择一种即可。

3)【解析】

将素材中的图片保存至本地文件夹，任选一张幻灯片，版式中有"剪贴画"图标的最好，直接单击幻灯片占位符中的"剪贴画"图标即可启动"剪贴画"任务窗格。单击图片即可将图片插入当前幻灯片中所选的占位符上。

插入超链接：在某张幻灯片中选中一个标题或一段文字，右击，在弹出的快捷菜单中选择"超链接"命令，打开"插入超链接"对话框。也可以单击"插入"→"链接"→"链接"按钮，打开"插入超链接"对话框；在"插入超链接"对话框的"链接到"列表框中选择"本文档中的位置"选项，在"请选择文档中的位置"列表框中选择一个幻灯片标题，单击"确定"按钮完成链接。

4)【解析】

设置动画：在幻灯片中选择一个占位符（如标题），单击"动画"→"动画"选项组中的任意一种动画样式即可。注意：动画效果最少两个，且种类不能重复。

设置切换效果：单击"切换"→"切换到此幻灯片"选项组中任意一种切换样式即可。再转到其他幻灯片，设置另外一种幻灯片样式。注意：切换方式最少两个，且种类不能重复。

5）【解析】

任选一张幻灯片，单击"插入"→"媒体"→"音频"下拉按钮，在弹出的下拉列表中选择"PC上的音频"选项，弹出"插入音频"对话框，选中需要的文件，单击"插入"按钮，此时可以看到幻灯片中添加了一个小喇叭的图标。单击"音频工具｜播放"→"音频选项"→"开始"下拉按钮，在弹出的下拉列表中选择"自动"选项，并选中"跨幻灯片播放""放映时隐藏""循环播放，直到停止"3个复选框。单击快速访问工具栏中的"保存"按钮即可保存修改。

6）【解析】

按要求保存文件。

模拟试题 5

一、选择题

1. B　　2. B　　3. A　　4. D　　5. A　　6. C　　7. D　　8. B　　9. B　　10. C
11. A　　12. D　　13. A　　14. B　　15. C　　16. A　　17. C　　18. B　　19. D　　20. B

二、操作题

1．文字处理。

1）【解析】

新建 Word 文档，按照试题中提供的有关信息输入标题、收件人名称等信息。标题段可为"请柬"二字，最后一段为"总经理：王力"。

2）【解析】

首先对整篇文档的字号、字体进行设置：Word 中默认的字体为宋体、字号为五号（10.5 磅）字，在操作时一定要将文档字体设置为其他字体、其他字号（字体非宋体，字号要大于五号字）；标题部分与正文部分设置为不同的字体、字号，两者的行间距和段间距要加大（要改变默认设置，具体设置的数值不限）。

设置不同的段落对齐方式：可选取标题段和正文中任意两个段落设置不同的对齐方式，尽量保证全文有两种以上不同的对齐方式。

左右缩进及首行缩进：除第一段、最后一段外，其他内容设置左右缩进、首行缩进（具体数值不限）。

3）【解析】

首先将光标放在文档的左下角，再插入图片。选中图片，在"图片工具｜格式"选项卡"大小"选项组中将"高度"和"宽度"文本框中的值修改为其他数值。右击图片，在弹出的快捷菜单中选择"环绕文字"命令，在级联菜单中选择"浮于文字上方"选项。拖动图片到合适的位置即可。

4)【解析】

单击"布局"→"页面设置"选项组右下角的"页面设置"按钮,打开"页面设置"对话框,在"页边距"选项卡中设置上边距的数值(大于默认的数值);单击"插入"→"页眉和页脚"选项组中的"页眉"下拉按钮,在弹出的下拉列表中选择一种页眉样式进入页眉与页脚编辑状态,在页眉编辑区输入本公司的电话号码。

2．电子表格。

1)【解析】

在考生文件夹中选中"Excel 素材.xlsx"文件,右击,在弹出的快捷菜单中选择"重命名"命令,然后将文件名称修改成"设备全年销售情况.xlsx",在空白区域单击即可。

2)【解析】

右击工作表标签,在弹出的快捷菜单中有多个针对工作表的命令,选择"重命名"命令,工作表标签进入编辑状态,输入新表名后按【Enter】键即可。

3)【解析】

插入一个新列后,要在新列中输入列标题及一组数据。首先需要选定新列,设置该列数字格式为文本格式;在该列第2、第3个单元格(第1个单元格为标题)中分别输入"001""002",再选中这两个单元格,拖动右下角的填充柄,一直拖动到最后一个数据行。

4)【解析】

选中标题行中需要合并的单元格区域,单击"开始"→"对齐方式"→"合并后居中"按钮,即可一次完成合并、居中两个操作;选中合并后的单元格,设置文本字体、字号和颜色(注意:要不同于默认的字体,大于默认的字号,不同于默认的字体颜色);选中数据表,调整行高、列宽和对齐方式(注意:行高和列宽要大于默认的行高和列宽值,对齐方式要设置为其他对齐方式)。选中"销售额"列,设置其数值格式为其他格式;选中数据表(不含标题行),单击"开始"→"字体"→"下框线"下拉按钮,在弹出的下拉列表中选择一种边框样式即可。

5)【解析】

新建数据透视表。

① 在工作表"销售状况"中将光标放在任意一个数据单元格中,单击"插入"→"表格"→"数据透视表"按钮。

② 打开"创建数据透视表"对话框。选中"选择一个表或区域"单选按钮,"表/区域"文本框中已经由系统自动判断、输入了单元格区域,如果其内容不正确可以直接修改或单击文本框右侧的按钮 🔲 叠起对话框,以便在工作表中手动选取要创建透视表的单元格区域。

③ 在"选择放置数据透视表的位置"中选中"新工作表"单选按钮。此时会创建一个新工作表,且存放了一个数据透视表。修改新工作表名称为"数据透视分析"。

④ 在工作表"数据透视分析"右侧出现一个"数据透视表字段列表"窗口。在"选择要添加到报表的字段"列表框中选择"商品名称"选项,拖动到"在以下区域间拖动

字段"选项组的"报表筛选"下面。同理拖动"店铺"字段到"行标签"下，拖动"季度"字段到"列标签"下，拖动"销售额"字段到"数值"下。

6）【解析】

选择统计字段：在数据透视表中，单击 B2 单元格右侧按钮　，在弹出的下拉列表中取消其他商品名称，只选择"打印机"，单击"确定"按钮。这样，就只会对打印机进行销售额统计。

新建图表：首先选择新建图表的数据区域，单击"插入"→"图表"选项组右下角的"查看所有图表"按钮，打开"插入图表"对话框。在对话框左侧选择"柱形图"，在右侧选择"簇状柱形图"，单击"确定"按钮即可插入一个新的图表，并将该图表移动到数据透视表的下方。

7）【解析】

按要求保存文件。

3．演示文稿。

1）【解析】

在考生文件夹中选中"PPT 素材.pptx"文件，右击，在弹出的快捷菜单中选择"重命名"命令，然后将文件名称"PPT 素材.pptx"修改成"新员工培训.pptx"，在空白区域单击即可。

2）【解析】

选择第 2 张幻灯片，使其成为当前幻灯片。单击"开始"→"幻灯片"→"版式"下拉按钮，在弹出的下拉列表中选择"标题和内容"即可。同理设置第 4 张幻灯片。

3）【解析】

单击"视图"→"母版视图"→"幻灯片母版"按钮，切换到母版视图；单击"插入"→"文本"→"艺术字"下拉按钮，在弹出的下拉列表中选择任意一种艺术字样式，生成一个艺术字文本框，输入内容"环球数码"，单击其他空白区域即可。

4）【解析】

插入超链接：切换到第 6 张幻灯片，选中文字"员工守则"，单击"插入"→"链接"→"链接"按钮，打开"插入超链接"对话框；在对话框最左侧列表中保持默认选择"现有文件或网页"，在"查找范围"列表框中选择考生文件夹，再选中"守则.docx"，单击"确定"按钮即可插入链接。

设置动画效果：在"动画"选项卡"动画"选项组中选择任意一种动画样式即可。

5）在"切换"→"切换到此幻灯片"选项组中选择任意一种切换样式即可。再转到其他幻灯片，设置另外一种幻灯片样式。

模拟试题 6

一、选择题

1．D　2．D　3．D　4．D　5．D　6．B　7．A　8．B　9．C　10．D
11．B　12．B　13．C　14．A　15．C　16．B　17．B　18．C　19．A　20．A

二、操作题

1．文字处理。

1）【解析】

在"布局"选项卡"页面设置"选项组中调整纸张大小为 A4，纸张方向为纵向，单击"页边距"下拉按钮，选择"自定义页边距"选项，打开"页面设置"对话框，设置上、下页边距为 2.5 厘米，左、右页边距为 3.2 厘米。

2）【解析】

选择"文件"→"选项"命令，在打开的"Word 选项"对话框左侧选择"加载项"选项，完成文档样式库的设置。

3）【解析】

选择所有红色文字，应用"标题 1，标题样式一"段落样式。

4）【解析】

选择所有绿色文字，应用"标题 2，标题样式二"段落样式。

5）【解析】

通过查找和替换，用^p 替换掉所有的^l。

6）【解析】

右击文档样式库中的"正文"样式，在弹出的快捷菜单中选择"修改"命令，打开"修改样式"对话框，在其中修改首行缩进 2 字符。

7）【解析】

单击"插入"→"页眉和页脚"→"页眉"下拉按钮，在弹出的下拉列表中选择"编辑页眉"选项，在页眉区域右击，选择样式进行设置。

8）【解析】

选择数据，单击"插入"→"插图"→"图表"按钮，在图表类型中选择"折线图"，将图表的标题命名为"销售业务指标"。

2．电子表格。

1）【解析】

在考生文件夹中选中"ExcelC.xlsx"文件，右击，在弹出的快捷菜单中选择"重命名"命令，然后将文件名"ExcelC.xlsx"修改成"Excel.xlsx"，在空白区域单击即可。

2）【解析】

选择"各类费用报销管理"工作表"日期"列的所有单元格，选择自定义日期格式为"yyyy"年"m"月"d"日。

3）【解析】

在"日期"列中使用公式" =IF(OR(WEEKDAY([@日期])=6,WEEKDAY([@日期])=7),"是","否")"。

4）【解析】

使用公式统计每个活动地点所在的省份或直辖市，公式为"=LEFT([@活动地点],3)"。

5）【解析】

使用公式为"=VLOOKUP([@费用类别编号],表 4[#全部],2,FALSE)"。

6）【解析】

首先按地址进行排序，其次使用求和命令计算北京市的差旅费用总金额，最后填入"差旅费分析报告"工作表 B3 单元格中。

7）【解析】

首先按姓名进行排序，其次使用求和命令计算王崇江报销的火车票费用总额，最后填入"差旅费分析报告"工作表 B4 单元格中。

8）【解析】

对费用类别进行排序，计算出飞机票的总金额，除以所有的总金额，把结果填入"差旅费分析报告"工作表 B5 单元格中。

9）【解析】

对"是否加班"进行排序，计算出所有"是否加班"为"否"的金额，填入"差旅费分析报告"工作表 B6 单元格中。

3．演示文稿。

1）【解析】

利用 PowerPoint 应用程序创建一个相册，每张幻灯片中包含 4 张图片，并将每幅图片设置为"居中矩形阴影"相框形状。

2）【解析】

单击"设计"→"主题"选项组中的"其他"按钮，在弹出的下拉列表中选择"浏览主题"选项，在打开的"选择主题或主题文档"对话框中选择"相册.pptx"，设置完成后单击"应用"按钮即可。

3）【解析】

选择第 1 张幻灯片，在"切换"选项卡"切换到此幻灯片"选项组中选择合适的切换效果。用同样的方法为其他幻灯片选择不同的切换效果。

4）【解析】

在标题幻灯片后插入一张新的幻灯片，选择"标题和内容"版式，并输入所要求的内容。

5）【解析】

① 选中"湖光春色""冰消雪融""田园风光" 3 行文字，单击"开始"→"段落"→"转化为 SmartArt"下拉按钮，在弹出的下拉列表中选择"蛇形图片重点列表"选项。

② 在打开的"在此处键入文字"对话框中，双击"湖光春色"所对应的图片按钮，在打开的"插入图片"对话框中选择"Photo a.jpg"。

③ 用同样的方法在"冰消雪融"和"田园风光"行中依次选中"Photo f.jpg"和"Photo i.jpg"。

6)【解析】

在"切换"选项卡中，为 SmartArt 对象添加自左至右的"擦除"进入动画效果。

7)【解析】

右击"湖光春色"插入超链接，设为跳转至第 3 张幻灯片；右击"冰消雪融"插入超链接，设为跳转至第 4 张幻灯片；右击"田园风光"插入超链接，设为跳转至第 5 张幻灯片。

8)【解析】

单击"插入"选项卡，选择音频文件中的音频，将素材中的"P61.wav"声音文件插入幻灯片，设置在幻灯片放映时即开始播放。

9)【解析】

文件保存为"PowerPoint .pptx"文件。

模拟试题 7

一、选择题

1．C　2．B　3．A　4．A　5．D　6．D　7．A　8．B　9．C　10．A
11．B　12．D　13．D　14．C　15．B　16．C　17．A　18．B　19．C　20．A

二、操作题

1．文字处理。

1)【解析】

在考生文件夹中选中"Word_素材.docx"文件，右击，在弹出的快捷菜单中选择"重命名"命令，然后将文件名"Word_素材.docx"修改成"Word.docx"，在空白区域单击即可。注意：不能删除文件扩展名".docx"。

2)【解析】

单击"布局"→"页面设置"选项组右下角的"页面设置"按钮，打开"页面设置"对话框，在"纸张"选项卡"纸张大小"下拉列表中选择"B5"，在"页边距"选项卡中设置页边距的具体数值和装订线位置。

3)【解析】

找到文档中第 1 行"黑客技术"并选中，在"开始"选项卡"样式"选项组中将其设置为"标题 1"段落样式；选中文档中黑体字的段落，在"开始"选项卡"样式"选项组中将其设置为"标题 2"段落样式；选中文档中斜体字的段落，在"开始"选项卡"样式"选项组中将其设置为"标题 3"段落样式。

4)【解析】

选中正文第 1 段，在"开始"选项卡"字体"选项组中将字体设置为四号字；单击

"开始"→"段落"选项组右下角的"段落设置"按钮，打开"段落"对话框，在对话框中设置行距为 1.2 倍行距，特殊格式为首行缩进 2 字符。同理设置正文的其他段落（使用格式刷更快捷）。

5）【解析】

将光标定位于正文第 1 段，单击"插入"→"文本"→"首字下沉"下拉按钮，在弹出的下拉列表中选择"首字下沉选项"选项，打开"首字下沉"对话框。在对话框中设置位置为"下沉"，下沉行数为 2，单击"确定"按钮关闭对话框。

6）【解析】

① 将光标定位于文档的开始位置，单击"引用"→"目录"→"目录"下拉按钮，在弹出的下拉列表中选择"自定义目录"选项，打开"目录"对话框。

② 在对话框中单击"选项"按钮，打开"目录选项"对话框。在对话框中删除"标题 1"后面"目录级别"中的数字 1，将"标题 2"后面"目录级别"中的数字改为 1，将"标题 3"后面"目录级别"中的数字改为 2。先后单击"确定"按钮关闭两个对话框。

③ 将光标定位于目录尾部，单击"布局"→"页面设置"→"分隔符"下拉按钮，在弹出的下拉列表中选择"下一页"选项。

7）【解析】

① 首先将光标定位在正文第 1 段，然后单击"插入"→"页眉和页脚"→"页眉"下拉按钮，在弹出的下拉列表中选择"编辑页眉"选项，将会出现页眉输入区。

② 单击"页眉和页脚工具｜设计"→"导航"→"链接到前一节"按钮，取消该按钮的选中状态。取消选中"选项"选项组中的"首页不同"复选框，并选中"奇偶页不同"复选框。

③ 删除默认的页码，到正文第 1 页激活页眉与页脚输入区，单击"页眉和页脚工具｜设计"→"页眉和页脚"→"页码"下拉按钮，在弹出的下拉列表中选择"页面底端"，然后选择靠左的页码样式；使用同样的方法设置奇数页页码靠右。

④ 到正文第 1 页选中页码，单击"页眉和页脚工具｜设计"→"页眉和页脚"→"页码"下拉按钮，在弹出的下拉列表中选择"设置页码格式"选项，在打开的对话框中设置页码编号为起始页码 1。

⑤ 在偶数页页眉区输入文字"黑客技术"。

8）【解析】

① 选中文档最后 5 行，单击"插入"→"表格"→"表格"下拉按钮，在弹出的下拉列表中选择"文本转换成表格"选项，在打开的对话框中的"文字分隔位置"栏选中"空格"单选按钮，即可生成 5 行 2 列的表格。

② 单击表格左上角的表格选定按钮选中整个表格，在"开始"选项卡"段落"选项组中选择"居中"选项；选中文档倒数第 6 行，在"开始"选项卡"段落"选项组中选择"居中"选项。

9）【解析】

单击"设计"→"文档格式"→"主题"下拉按钮，在弹出的下拉列表中选择一种合适的主题，保存文档并退出 Word 程序。

2．电子表格。

1）【解析】

在考生文件夹中选中"Excel_素材.xlsx"文件，右击，在弹出的快捷菜单中选择"重命名"命令，然后将文件名称中的"Excel_素材.xlsx"修改成"Excel.xlsx"，在空白区域单击即可。注意：不能删除文件扩展名".xlsx"。

2）【解析】

选中工作表整个表的上端（A1:M1 单元格区域），单击"开始"→"对齐方式"→"合并后居中"按钮，然后通过"字体"选项组适当调整该单元格的字体和字号。

3）【解析】

在 A3 单元格中输入数字 1，然后按住【Ctrl】键拖动右下角的填充柄，一直拖动到最后一个数据行。选中 A3:A17 单元格区域，单击"开始"→"数字"选项组右下角的"数字格式"按钮，打开"设置单元格格式"对话框，在"数字"选项卡中设置分类为数值型，小数位数为 0；在"对齐"选项卡中设置水平对齐方式为"居中"，单击"确定"按钮关闭对话框。

4）【解析】

选中 E3:M17 单元格区域，单击"开始"→"数字"选项组右下角的"数字格式"按钮，打开"设置单元格格式"对话框，在"数字"选项卡中设置分类为会计专用格式，小数位数为 2，货币符号为"无"，单击"确定"按钮关闭对话框。

5）【解析】

① 通过拖动各列列号之间的分隔线适当改变列宽；通过"开始"→"对齐方式"选项组适当设置对齐方式。

② 单击"页面布局"选项卡"页面设置"选项组右下角的"页面设置"按钮，打开"页面设置"对话框。在对话框中设置纸张大小为 A4，纸张方向为横向，单击"打印预览"按钮观察工作表是否在一个打印页内，如果超出一个打印页则需重新调整列宽直至整个工作表在一个打印页内。

6）【解析】

在 L3 单元格中输入公式"=IF(K3>80000,K3*0.45-13505,IF(K3>55000,K3*0.35-5505, IF(K3>35000,K3*0.3-2755,IF(K3>9000,K3*0.25-1005,IF(K3>4500,K3*0.2-555,IF(K3>1500, K3*0.1-105，K3*0.03))))))"，然后拖动右下角的填充柄，一直拖动到最后一个数据行。

7）【解析】

在 M3 单元格中输入公式"=I3-J3-L3"，然后拖动右下角的填充柄，一直拖动到最后一个数据行。

8）【解析】

① 在工作表"2014 年 3 月"的名称上右击，在弹出的快捷菜单中选择"移动或

复制"命令，打开"移动或复制工作表"对话框。在对话框的"下列选定工作表之前"列表框中选择"Sheet2"，选中"建立副本"复选框。单击"确定"按钮完成工作表的复制。

② 右击工作表"2014 年 3 月（2）"的名称，在弹出的快捷菜单中有多个针对工作表的命令，这里选择"重命名"命令，工作表标签进入编辑状态，输入新表名"分类汇总"后按【Enter】键即可。

9）【解析】

① 数据排序。在"分类汇总"工作表中选中数据区域，单击"数据"→"排序和筛选"→"排序"按钮，打开"排序"对话框，设置"主要关键字"为"部门"字段，单击"确定"按钮，完成数据表的排序。

② 数据分类汇总。单击"数据"→"分级显示"→"分类汇总"按钮，打开"分类汇总"对话框，进行如下设置：

a．在"分类字段"下拉列表中选择"部门"选项；

b．在"汇总方式"下拉列表中选择"求和"选项；

c．在"选定汇总项"列表框中选中"应付工资合计"复选框和"实发工资"复选框；

d．取消选中"每组数据分页"复选框。

③ 保存 Excel 文档并退出 Excel 程序。

3．演示文稿。

1）【解析】

在考生文件夹中选中"PPT 素材.pptx"文件，右击，在弹出的快捷菜单中选择"重命名"命令，然后将文件名称中的"PPT 素材.pptx"修改成"PPT.pptx"，在空白区域单击即可。注意：不能删除文件扩展名".pptx"。

2）【解析】

① 打开 PowerPoint 应用程序新建一个演示文稿，共建立 9 张幻灯片，每张幻灯片中的内容根据素材文件建立（不包括序号，可以直接使用复制、粘贴功能）

② 单击"插入"→"文本"→"幻灯片编号"按钮，打开"页眉和页脚"对话框。在对话框"幻灯片"选项卡中选中"幻灯片编号"复选框，单击"全部应用"按钮应用到所有幻灯片上。

3）【解析】

① 选中第 1 张幻灯片的标题"云计算简介"（注意不是选中文字），单击"绘图工具｜格式"→"艺术字样式"→"其他"按钮，在弹出的下拉列表中选择一种艺术字样式。

② 在幻灯片中单击"插入"→"文本"→"文本框"下拉按钮，在弹出的下拉列表中任选一个选项，添加一个文本框，在文本框中输入制作日期（格式：××××年××月××日）和"考生×××"。

③ 选中第 9 张幻灯片中的"敬请批评指正!"(注意不是选中文字),同样单击"绘图工具 | 格式"→"艺术字样式"→"其他"按钮,在弹出的下拉列表中选择一种艺术字样式。

4)【解析】

① 选中第 3 张幻灯片,单击"开始"→"幻灯片"→"版式"下拉按钮,在弹出的下拉列表中选择"两栏内容"选项。使用同样的方式为每张幻灯片设置合适的版式,整篇演示文稿至少有 3 种版式。

② 单击"设计"选项卡,在"主题"选项组中选择一种合适的主题。

5)【解析】

① 切换到第 2 张幻灯片,选中"一、云计算的概念",单击"插入"→"链接"→"链接"按钮,打开"插入超链接"对话框。

② 在对话框最左侧列表中选择"本文档中的位置",在"请选择文档中的位置"列表框中选择"一、云计算的概念",单击"确定"按钮即可插入超链接。

③ 使用上述方法将第 2 张幻灯片的文字"二、云计算的特征"超链接到本文档中的第 4 张幻灯片;将第 2 张幻灯片的文字"三、云计算的服务形式"超链接到本文档中的第 6 张幻灯片。

6)【解析】

单击第 5 张幻灯片,使其成为当前幻灯片。选中幻灯片中的 6 行文字,单击"开始"→"段落"→"转换为 SmartArt"下拉按钮,在弹出的下拉列表中选择"其他 SmartArt 图形"选项,打开"选择 SmartArt 图形"对话框。在对话框中选择层次结构中的"组织结构图",单击"确定"按钮。

7)【解析】

① 选中第 3 张幻灯片中的左侧内容区,在"动画"选项卡"动画"选项组中选择一种动画效果。使用同样的方法为每张幻灯片中的对象添加动画效果。

② 单击第 1 张幻灯片,使其成为当前幻灯片。单击"切换"→"切换到此幻灯片"选项组中的一种切换方式即可完成设置。同理为每张幻灯片设置不同的切换方式,总共设置 3 种以上的切换效果。

8)【解析】

选中第 6 张幻灯片中的图片,拖动图片四角的句柄适当改变图片的显示比例。同理增大第 7 张和第 8 张幻灯片中图片的显示比例。

模拟试题 8

一、选择题

1. A　2. C　3. C　4. C　5. C　6. A　7. B　8. B　9. A　10. B
11. B　12. D　13. A　14. B　15. B　16. B　17. B　18. B　19. A　20. C

二、操作题

1．文字处理。

1）【解析】

① 打开考生文件夹下的"会计电算化节节高升.docx"素材文件。

② 单击"布局"→"页面设置"选项组右下角的"页面设置"按钮，在打开的"页面设置"对话框中单击"纸张"选项卡，将"纸张大小"设置为16开。

③ 单击"页边距"选项卡，在"页码范围"选项组中"多页"下拉列表中选择"对称页边距"选项，在"页边距"选项组中设置上边距为2.5厘米，下边距设置为2厘米，内侧边距设置为2.5厘米，外侧边距设置为2厘米，"装订线"设置为1厘米。

④ 单击"布局"选项卡，将"页眉和页脚"选项组下距边界的"页脚"设置为1厘米，单击"确定"按钮。

2）【解析】

① 根据题意要求，分别选中带有"（一级标题）""（二级标题）""（三级标题）"提示的整段文字，为"（一级标题）"段落应用"开始"→"样式"→"标题1"样式。

② 使用同样的方式分别为"（二级标题）""（三级标题）"所在的整段文字应用"标题2"样式和"标题3"样式。

3）【解析】

① 单击"开始"→"编辑"→"替换"按钮，打开"查找和替换"对话框，在"查找内容"文本框中输入"（一级标题）"，"替换为"文本框中不输入内容，单击"全部替换"按钮。

② 按上述操作方法删除"（二级标题）"和"（三级标题）"。

4）【解析】

① 根据题意要求，将光标插入表格上方说明文字左侧，单击"引用"→"题注"→"插入题注"按钮，在打开的"题注"对话框中单击"新建标签"按钮，在打开的"新建标签"对话框中输入"标签"名称为"表"，单击"确定"按钮，返回上一级的对话框，将"标签"设置为"表"，然后单击"编号"按钮，在打开的"题注编号"对话框中，选中"包含章节号"复选框，将"章节起始样式"设置为"标题1"，"使用分隔符"设置为"-（连字符）"，单击"确定"按钮，返回上一级的对话框中单击"确定"按钮。

② 选中添加的题注，单击"开始"→"样式"选项组右下角的"其他"按钮，在弹出的下拉列表中选择"题注"样式，右击，在弹出的快捷菜单中选择"修改"命令，即可打开"修改样式"对话框，在"格式"选项组中选择"仿宋""小五"，单击"居中"按钮。

③ 将光标插入下一个表格上方说明文字左侧，可以直接单击"引用"→"题注"→"插入题注"按钮，在打开的"题注"对话框中单击"确定"按钮，即可插入题注内容。

④ 使用同样的方法在图片下方的说明文字左侧插入题注，并设置题注格式。

5)【解析】

① 根据题意要求将光标插入被标红文字的合适位置，此处以第一处标红文字为例，将光标插入"如"字的后面，单击"引用"→"题注"→"交叉引用"按钮，在打开的"交叉引用"对话框中，将"引用类型"设置为"表格"，"引用内容"设置为"仅标签和编号"，在"引用哪一个题注"列表框中选择"表 1-1 手工记账与会计电算化的区别"，单击"插入"按钮。

② 使用同样的方法在其他标红文字的适当位置，设置自动引用题注号，最后关闭该对话框。

③ 选择表 1-2，在"表格工具 | 设计"上下文选项卡"表格样式"选项组中为表格套用一个样式，此处选择"浅色底纹，强调文字颜色 5"。

④ 将光标定位在表格中，单击"表格工具 | 布局"→"表"→"属性"按钮，在打开的"表格属性"对话框"行"选项卡中选中"允许跨页断行"复选框。选中标题行，单击"表格工具 | 布局"→"数据"→"重复标题行"按钮。

6)【解析】

① 根据题意要求将光标插入第一页一级标题的左侧，单击"布局"→"页面设置"→"分隔符"下拉按钮，在弹出的下拉列表中选择"下一页"选项。

② 将光标插入新页中，单击"引用"→"目录"→"目录"下拉按钮，在弹出的下拉列表中选择"自动目录 1"选项。选中"目录"字样，将"目录"前的项目符号删除，并更新目录。

③ 使用同样的方法为其他的章节分节，使每一章均为独立的一节，双击第一页下方的页码处，单击"页眉和页脚工具 | 设计"→"页眉和页脚"→"页码"下拉按钮，在弹出的下拉列表中选择"页面底端"→"普通数字 1"选项。

④ 单击"页眉和页脚工具 | 设计"→"页眉和页脚"→"页码"下拉按钮，在弹出的下拉列表中选择"设置页码格式"选项，在打开的"页码格式"对话框中，选中"页码编号"选项组中的"起始页码"单选按钮，并输入"1"，单击"确定"按钮。

7)【解析】

① 根据题意要求将光标插入目录首页的页码处，单击"页眉和页脚工具 | 设计"→"页眉和页脚"→"页码"下拉按钮，在弹出的下拉列表中选择"设置页码格式"选项，在打开的"页码格式"对话框中，选择"编号格式"为大写罗马数字（Ⅰ、Ⅱ、Ⅲ），单击"确定"按钮。

② 将光标插入第 3 章的第一页页码中，单击"页眉和页脚工具 | 设计"→"页眉和页脚"→"页码"下拉按钮，在弹出的下拉列表中选择"设置页码格式"选项，在打开的"页码格式"对话框中，选中"页码编号"选项组中的"续前节"单选按钮，单击"确定"按钮。使用同样的方法设置下方其他章的第一页。

③ 将光标插入目录页的第一页页码中，选中"页眉和页脚工具 | 设计"→"选项"→"首页不同"复选框和"奇偶页不同"复选框，并使用同样方法设置其他章的第一页。

④ 将光标移至第二页中，单击"插入"→"页眉和页脚"→"页码"下拉按钮，在弹出的下拉列表中选择"页面底端"→"普通数字 1"选项。

⑤ 将光标移至第三页中，单击"插入"→"页眉和页脚"→"页码"下拉按钮，在弹出的下拉列表中选择"页面底端"→"普通数字 3"选项。单击"关闭页眉和页脚"按钮。

8）【解析】

根据题意要求将光标插入文稿中，单击"设计"→"页面背景"→"水印"下拉按钮，在弹出的下拉列表中选择"自定义水印"选项，在打开的"水印"对话框中选中"图片水印"单选按钮，然后单击"选择图片"按钮，在打开的"插入图片"对话框中，选择考生文件夹中的素材"Tulips.jpg"，单击"插入"按钮，返回之前的对话框中，选中"冲蚀"复选框，单击"确定"按钮即可。

2．电子表格。

1）【解析】

打开素材文件"学生成绩.xlsx"，单击工作表最右侧的"新工作表"按钮，然后双击工作表标签，将其重命名为"初三学生档案"。在该工作表标签上右击，在弹出的快捷菜单中选择"工作表标签颜色"→"紫色"命令。

2）【解析】

① 选中 A1 单元格，单击"数据"→"获取外部数据"→"自文本"按钮，打开"导入文本文件"对话框，在该对话框中选择考生文件夹下的"学生档案.txt"选项，然后单击"导入"按钮。

② 在打开的对话框中选中"分隔符号"单选按钮，将"文件原始格式"设置为"54936：简体中文（GB18030）"。单击"下一步"按钮，只选中"分隔符号"列表中的"Tab 键"复选框。然后单击"下一步"按钮，选中"身份证号码"列，然后选中"文本"单选按钮，单击"完成"按钮，在打开的对话框中保持默认设置，单击"确定"按钮。

③ 选中 B 列单元格，右击，在弹出的快捷菜单中选择"插入"命令。然后选中 A1 单元格，将光标置于"学号"和"姓名"之间，按 3 次空格键，然后选中 A 列单元格，单击"数据"→"数据工具"→"分列"按钮，在打开的对话框中选中"固定宽度"单选按钮，单击"下一步"按钮，然后建立分列线。单击"下一步"按钮，保持默认设置，单击"完成"按钮。

④ 选中 A1:G56 单元格区域，单击"开始"→"样式"→"套用表格格式"下拉按钮，在弹出的下拉列表中选择"表样式中等深浅 2"选项。

⑤ 在打开的"套用表格式"对话框中选中"表包含标题"复选框，单击"确定"按钮，然后在打开的信息提示对话框中单击"是"按钮。在"表格工具 | 设计"→"属性"→"表名称"文本框中输入"档案"。

3）【解析】

① 选中 D2 单元格，在该单元格内输入函数"=IF(MOD(MID(C2,17,1),2)=1,"男","女")"，按【Enter】键完成操作。然后利用自动填充功能对其他单元格进行填充。

② 选中 E2 单元格，在该单元格内输入函数"=--TEXT(MID(C2,7,8),"0-00-00")"，按【Enter】键完成操作，利用自动填充功能对其他单元格进行填充。然后选择 E2:E56 单元格区域，右击，在弹出的快捷菜单中选择"设置单元格格式"命令。在打开的"设置单元格格式"对话框中选择"数字"选项卡，将"分类"设置为"日期"，然后单击"确定"按钮。

③ 选中 F2 单元格，在该单元格内输入函数"=DATEDIF(--TEXT(MID(C2,7,8),"0-00-00"),TODAY(),"y")"，按【Enter】键，利用自动填充功能对其他单元格进行填充。

④ 选中 A1:G56 单元格区域，单击"开始"→"对齐方式"→"居中"按钮，适当调整表格的行高和列宽。

4）【解析】

① 进入"语文"工作表中，选中 B2 单元格，在该单元格内输入函数"=VLOOKUP(A2,初三学生档案!$A$2:$B$56,2,0)"，按【Enter】键完成操作。利用自动填充功能对其他单元格进行填充。

② 选中 F2 单元格，在该单元格内输入函数"=SUM(C2*30%)+(D2*30%)+(E2*40%)"，按【Enter】键确认操作。

③ 选中 G2 单元格，在该单元格内输入函数"="第"&RANK(F2,$F$2:$F$45)&"名""，然后利用自动填充功能对其他单元格进行填充。

④ 选中 H2 单元格，在该单元格内输入公式"=IF(F2>=102,"优秀",IF(F2>=84,"良好",IF(F2>=72,"及格",IF(F2>72,"及格","不及格"))))"，按【Enter】键完成操作。然后利用自动填充对其他单元格进行填充。

5）【解析】

① 选中"语文"工作表中 A1:H45 单元格区域，按【Ctrl+C】组合键复制，进入"数学"工作表中，选中 A1:H45 单元格区域，右击，在弹出的快捷菜单中选择"粘贴选项"→"格式"命令。

② 继续选择"数学"工作表中的 A1:H45 单元格区域，单击"开始"→"单元格"→"格式"下拉按钮，在弹出的下拉列表中选择"行高"选项，在打开的"行高"对话框中将"行高"设置为"22"，单击"确定"按钮。单击"格式"下拉按钮，在弹出的下拉列表中选择"列宽"选项，在打开的"列宽"对话框中将"列宽"设置为"14"，单击"确定"按钮。

③ 使用同样的方法对其他科目的工作表进行相同的设置，包括行高和列宽。

④ 将"语文"工作表中的公式粘贴到"数学"工作表对应的单元格中，然后利用自动填充功能对单元格进行填充。

⑤ 在"英语"工作表中的 H2 单元格中输入公式"=IF(F2>=90,"优秀",IF(F2>=75,"良好",IF(F2>=60,"及格",IF(F2>60,"及格","不及格"))))"，按【Enter】键完成操作，然后利用自动填充功能对其他单元格进行填充。

⑥ 将"英语"工作表 H2 单元格中的公式粘贴到"物理""化学""品德""历史"工作表中的 H2 单元格中，然后利用自动填充功能对其他单元格进行填充。

6）【解析】

① 进入"期末总成绩"工作表中，选中 B3 单元格，在该单元格内输入公式"=VLOOKUP(A3,初三学生档案!\$A\$2:\$B\$56,2,0)"，按【Enter】键完成操作，然后利用自动填充功能将其填充至 B46 单元格。

② 选中 C3 单元格，在该单元格内输入公式"=VLOOKUP(A3,语文!\$A\$2:\$F\$45,6,0)"，按【Enter】键完成操作，然后利用自动填充功能将其填充至 C46 单元格。

③ 选中 D3 单元格，在该单元格内输入公式"=VLOOKUP(A3,数学!\$A\$2:\$F\$45,6,0)"，按【Enter】键完成操作，然后利用自动填充功能将其填充至 D46 单元格。

④ 利用相同的方法为其他科目填充平均分。选中 J3 单元格，在该单元格内输入公式"=SUM(C3:I3)"，按【Enter】键，然后利用自动填充功能将其填充至 J46 单元格。

⑤ 选中 A3:K46 单元格区域，单击"开始"→"编辑"→"排序和筛选"下拉按钮，在弹出的下拉列表中选择"自定义排序"选项，打开"排序"对话框，在该对话框中将"主要关键字"设置为"总分"，将"排序依据"设置为"数值"，将"次序"设置为"降序"，单击"确定"按钮。

⑥ 在 K3 单元格内输入数字"1"，然后按住【Ctrl】键，利用自动填充功能将其填充至 K46 单元格。

⑦ 选中 C47 单元格，在该单元格内输入公式"=AVERAGE(C3:C46)"，按【Enter】键完成操作，利用自动填充功能将其填充至 J47 单元格。

⑧ 选中 C3:J47 单元格区域，右击，在弹出的快捷菜单中选择"设置单元格格式"命令，在打开的"设置单元格格式"对话框中单击"数字"选项卡，将"分类"设置为"数值"，将"小数位数"设置为"2"，单击"确定"按钮。

7）【解析】

① 选中 C3:C46 单元格区域，单击"开始"→"样式"→"条件格式"下拉按钮，在弹出的下拉列表中选择"新建规则"选项，在打开的"新建格式规则"对话框中将"选择规则类型"设置为"仅对排名靠前或靠后的数值设置格式"，然后将"编辑规则说明"设置为"最高"和"1"。

② 单击"格式"按钮，在打开的"设置单元格格式"对话框中将"字形"设置为"加粗"，将"颜色"设置为标准色中的"红色"，单击两次"确定"按钮。按同样的操作方式将其他六科分别用红色和加粗标出各科第一名成绩。

③ 选中 J3:J12 单元格区域，右击，在弹出的快捷菜单中选择"设置单元格格式"命令，在打开的"设置单元格格式"对话框中单击"填充"选项卡，然后单击"浅蓝"颜色块，单击"确定"按钮。

8）【解析】

① 单击"页面布局"→"页面设置"选项组右下角的"页面设置"按钮，在打开的"页面设置"对话框中选择"页边距"选项卡，选中"居中方式"选项组中的"水平"复选框。

② 选择"页面"选项卡，将"方向"设置为"横向"。选中"缩放"选项组中的"调整为"单选按钮，将其设置为 1 页宽 1 页高，单击"确定"按钮。

3．演示文稿。

1)【解析】

① 启动 PowerPoint 演示文稿，选择"文件"→"打开"命令，打开"打开"对话框，将文件类型设置为"所有文件"，找到考生文件下的素材文件《小企业会计准则》培训素材.docx，单击"打开"按钮，即可将 Word 文件导入 PowerPoint 中。

② 选择"文件"→"保存"命令，打开"另存为"对话框，输入文件名"小企业会计准则培训.pptx"，并单击"保存"按钮。

2)【解析】

① 选择第 1 张幻灯片，单击"开始"→"幻灯片"→"版式"下拉按钮，在弹出的下拉列表中选择"标题幻灯片"选项。

② 单击"插入"→"图像"→"图片"按钮，打开"插入图片"对话框，找到图片所在位置，然后单击"插入"按钮，适当调整图片的位置和大小。

③ 选择标题文本框，在"动画"选项卡"动画"选项组中选择"淡出"动画。选择副标题文本框，为其选择"浮入"动画。选择图片，为其设置"随机线条"动画。单击"高级动画"→"动画窗格"按钮，打开"动画窗格"窗口，在该窗口中选择"Picture 6"将其拖动至窗口的顶层，标题为第 2 层，副标题为第 3 层。

3)【解析】

① 选中第 2 张幻灯片中的文本内容，单击"开始"→"段落"→"项目符号"下拉按钮，在弹出的下拉列表中选择"无"选项。选择最后的两行文字和日期，单击"段落"→"右对齐"按钮。

② 选中第 3 张幻灯片中的文本内容，右击，在弹出的快捷菜单中选择"转换为 SmartArt"→"其他 SmartArt 图形"命令，在打开的"选择 SmarArt 图形"对话框中选择"列表"选项。然后在右侧的列表框中选择"垂直框列表"选项，单击"确定"按钮。

③ 选中"小企业会计准则的颁布意义"文字，右击，在弹出的快捷菜单中选择"超链接"命令，打开"插入超链接"对话框，选择"本文档中的位置"选项，在"请选择文档中的位置"列表框中选择"4．小企业会计准则的颁布意义"，单击"确定"按钮。使用同样的方法将余下的文字链接到对应的幻灯片中。

④ 选择第 9 张幻灯片，单击"开始"→"幻灯片"→"版式"下拉按钮，在弹出的下拉列表中选择"两栏内容"选项。将文稿中第 9 页中的图形复制、粘贴到幻灯片中，并将右侧的文本框删除，适当调整图片的位置。

⑤ 选中第 14 张幻灯片中的最后一段文字，双击"段落"→"提高列表级别"按钮，然后右击该段文字，在弹出的快捷菜单中选择"超链接"命令，打开"插入超链接"对话框，选择"现有文件或网页"选项，在"请选择文档中的位置"列表框中选择考生文件夹下的"小企业准则适用行业范围.docx"，单击"确定"按钮。

4）【解析】

① 选择第 15 张幻灯片，切换至"大纲"视图，在"大纲"视图中将光标移至"100 人及以下"的右侧，按【Enter】键，然后单击"开始"→"段落"→"降低列表级别"按钮，即可将第 15 张幻灯片进行拆分，然后将原有幻灯片的标题复制到拆分后的幻灯片中。

② 删除幻灯片中的红色文字，选择素材文稿中第 15 页标红的表格和文字，将其粘贴到第 15 张幻灯片上。然后选中粘贴的对象，在"表格工具 | 设计"选项卡"表格样式"选项组中选择"主体样式 1-强调 6"选项，并对表格内文字的格式进行适当调整。

5）【解析】

① 选中素材文件第 16 页中的图片，复制、粘贴到第 17 张幻灯片中，并适当调整图片的大小和位置。

② 选择最后一张幻灯片，单击"开始"→"幻灯片"→"版式"下拉按钮，在弹出的下拉列表中选择"标题和内容"选项。然后在内容框内单击"插入来自文件的图片"按钮，打开"插入图片"对话框，在该对话框中选择考生文件夹下的"pic1.gif"素材图片，然后单击"插入"按钮，并适当调整图片的大小和位置。

③ 选择倒数第二张幻灯片，单击"开始"→"幻灯片"→"版式"下拉按钮，在弹出的下拉列表中选择"内容与标题"选项。然后将右侧内容框中的文字剪切到左侧的内容框内。单击右侧内容框内的"插入 SmartArt 图形"按钮，在打开的"选择 SmartArt 图形"对话框中选择"循环"选项，在右侧的列表框中选择"不定向循环"选项。

④ 单击"确定"按钮，然后选择最左侧的形状，单击"SmartArt 工具 | 设计"→"创建图形"→"添加形状"下拉按钮，在弹出的下拉列表中选择"在前面添加形状"选项，然后在形状中输入文字。

⑤ 选中插入的 SmartArt 图形，选择"动画"→"动画"→"缩放"选项，然后单击"效果选项"下拉按钮，在弹出的下拉列表中选择"逐个"选项。

6）【解析】

① 在左侧窗口将光标置入第 1 张幻灯片的上部，右击，在弹出的快捷菜单中选择"新增节"命令，在打开的"重命名节"对话框中将"节名称"设置为"小企业准则简介"，单击"重命名"按钮。

② 将光标置入第 3 张与第 4 张幻灯片之间，使用前面介绍的方法新建节，并将节的名称设置为"准则的颁布意义"。使用同样的方法对余下的幻灯片进行分节。

③ 选中"小企业准则简介"节，然后选择"设计"→"主题"→"肥皂"主题。使用同样的方法为不同的节设置不同的主题，并对幻灯片内容的位置及大小进行适当的调整。

④ 选中"小企业准则简介"节，然后选择"切换"→"切换到此幻灯片"→"风"选项。使用同样的方法为不同的节设置不同的切换方式。

模拟试题 9

一、选择题

1．C　2．B　3．D　4．A　5．B　6．A　7．C　8．B　9．C　10．D
11．C　12．D　13．D　14．A　15．B　16．B　17．B　18．B　19．B　20．C

二、操作题

1．文字处理。

1)【解析】

选中"《计算机与网络应用》初稿.docx"，右击，在弹出的快捷菜单中选择"重命名"命令，将名称改为"《计算机与网络应用》正式稿.docx"。

2)【解析】

单击"布局"→"页面设置"选项组右下角的"页面设置"按钮，打开"页面设置"对话框，在"纸张"选项卡中将"纸张大小"设置为A4；在"页边距"选项卡中将上、下页边距均设置为3厘米，将左、右页边距均设置为2.5厘米；在"文档网格"选项卡"行"选项组中将每页行数设置为36行，单击"确定"按钮关闭对话框。

3)【解析】

① 将光标定位在"前言"文字的上方，单击"布局"→"页面设置"→"分隔符"下拉按钮，在弹出的下拉列表中选择"下一页"选项，完成封面的分节。

② 参照上述步骤，完成余下部分的分节。

4)【解析】

选中所有章标题（如"第 1 章计算机概述"字样），在"开始"选项卡"样式"选项组中选择"标题1"样式，在"字体"选项组中设置字体为"黑体"，字号为"三号"；选中所有节标题（如"1.1 计算机发展史"字样），在"开始"选项卡"样式"选项组中选择"标题2"样式，在"字体"选项组中设置字体为"黑体"，字号为"四号"。参照上述步骤完成余下章节的设置。

5)【解析】

在文档中找到"请在此位置插入相应图片，插入后将本行内容删除"字样，单击"插入"→"插图"→"图片"按钮，打开"插入图片"对话框，将"第一台数字计算机.jpg"和"天河2号.jpg"插入指定的位置，选中图片下方的说明文字，在"开始"选项卡"字体"选项组中将文字设置为黑体、小五号，在"段落"选项组中设置为文字居中。

6)【解析】

把光标定位在封面页面上，单击"插入"→"插入"→"图片"按钮，打开"插入图片"对话框，选择"Cover.jpg"图片，单击"插入"按钮。选中图片，单击"图片工具｜格式"→"排列"→"位置"下拉按钮,在弹出的下拉列表中选择"其他布局选项"选项,打开"布局"对话框,进行相应设置。

7)【解析】

单击"插入"→"页眉和页脚"→"页码"下拉按钮进行设置。

8)【解析】

把光标定位在目录页的标题下方,单击"引用"→"目录"→"目录"下拉按钮,在弹出的下拉列表中选择"自动目录 1"选项,即可生成目录,删除提示行和黄色底纹的文字,保存并退出文档。

2．电子表格。

1)【解析】

选择"文件"→"另存为"命令,打开"另存为"对话框。

2)【解析】

① 打开"法一"工作表,在表格最右侧插入 3 列,并依次输入"总分""平均分""班内排名"。

② 选中所有列,在"开始"选项卡"对齐方式"选项组中设置居中。

③ 选中"班内排名"列,单击"开始"→"单元格"→"格式"下拉按钮,在弹出的下拉列表中选择"设置单元格格式"选项,打开"设置单元格格式"对话框,按要求进行设置。

④ 参照①②③设置。

3)【解析】

① 打开"法一"工作表,选中 A2:N28 单元格区域,单击"开始"→"样式"→"套用表格格式"下拉按钮,在弹出的下拉列表中选择"表格式中等深浅 15"表格格式,打开"套用表格式"对话框,选中"表包含标题"复选框,单击"确定"按钮。

② 参照①设置。

4)【解析】

打开"法一"工作表,在 L3 单元格内输入公式"=SUM(表 1[@[英语]:[立法法]])",通过拖动鼠标把公式填充到 L4:L27 单元格区域,完成总分计算。"法二""法三""法四"工作表设置同上。

5)【解析】

打开"总体情况表",在其名称上右击,在弹出的快捷菜单中进行相应设置。

6)【解析】

打开"总体情况表",在 B3 单元格内输入公式"=法一!C28",按【Enter】键将结果填充到 B3 单元格,拖动填充柄,将公式填充到 C3:J3 单元格区域。

7)【解析】

选中 A2:J6 单元格区域,单击"插入"→"图表"→"插入柱形图或条形图"下拉按钮,在弹出的下拉列表中选择"二维柱形图"→"簇状柱形图"选项,选中图表,单击"图表工具｜设计"→"数据"→"切换行/列"按钮，设置标签和图例。选中图表将其移动到 A9:M30 单元格区域内。

8)【解析】

打开任意工作表，选中第一行，单击"开始"→"对齐方式"→"合并后居中"按钮。

9)【解析】

单击表格右上方的"保存"按钮。

3．演示文稿。

1)【解析】

新建演示文稿，根据素材文档"辽宁号航空母舰素材.docx"内容为演示文稿新建不少于 9 张幻灯片，第 1 张版式为"标题幻灯片"，最后 1 张幻灯片版式为"空白"。

2)【解析】

选中第 1 张幻灯片，按要求输入文字。

3)【解析】

为新增幻灯片设计版式：单击"开始"→"幻灯片"→"版式"下拉按钮，在弹出的下拉列表中选择适当的版式。

4)【解析】

选择与图片对应的幻灯片，单击"插入"→"图像"→"图片"按钮，打开"插入图片"对话框，查找对应的图片，单击"插入"按钮。选中图片，在"动画"选项卡"动画"选项组中选择一种动画效果即可。

5)【解析】

选中最后一张幻灯片，单击"插入"→"文本"→"艺术字"下拉按钮，在弹出的下拉列表中选择一种合适的艺术字样式，在文本框内输入文字"谢谢欣赏！"。

6)【解析】

单击"视图"→"母版视图"→"幻灯片母版"按钮，此时会切换到母版视图。在母版幻灯片里面，将页脚文本框移到最左侧，关闭模板视图。选中第 1 张幻灯片，单击"插入"→"文本"→"页眉和页脚"按钮，打开"页眉和页脚"对话框，在"幻灯片"选项卡中选中"幻灯片编号"复选框和"标题幻灯片中不显示"复选框后，单击"应用"按钮，关闭对话框。

7)【解析】

单击"幻灯片放映"→"设置"→"设置幻灯片放映"按钮，打开"设置放映方式"对话框，在"放映类型"选项组中选中"演讲者放映（全屏幕）"单选按钮，在"放映选项"选项组中选中"循环放映，按 ESC 键终止"复选框，在"放映幻灯片"选项组中选中"从"单选按钮，输入"1"，后面输入倒数第 2 张幻灯片的编号，在"推进幻灯片"选项组中选中"如果出现计时，则使用它"单选按钮，单击"确定"按钮。选中第

1 张幻灯片，单击"幻灯片放映"→"设置"→"排练计时"按钮，幻灯片开始计时播放，在左上角会出现"录制"对话框，当时间为 10 秒时单击页面进入下一张幻灯片的录制，依次设置幻灯片的播放时间。

8）【解析】

将演示文稿保存到文件夹下，并更名为"辽宁号航空母舰.pptx"。

模拟试题 10

一、选择题

1．D　2．C　3．D　4．D　5．A　6．B　7．C　8．D　9．B　10．C
11．D　12．A　13．A　14．B　15．C　16．D　17．B　18．D　19．B　20．B

二、操作题

1．文字处理。

1）【解析】

打开素材文件"会议需求.docx"，选择"文件"→"另存为"命令，打开"另存为"对话框，选择文件存放位置，"保存类型"为"Word 文档（*.docx）"，"文件名"为"会议秩序册.docx"，单击"保存"按钮关闭对话框。

2）【解析】

打开材料文档"会议秩序册.docx"，单击"布局"→"页面设置"选项组右下角的"页面设置"按钮，打开"页面设置"对话框，在"纸张"选项卡中设置"纸张大小"为 A4；在"页边距"选项卡中设置页边距为上、下 2.5 厘米，左、右为 2 厘米；在"文档网格"选项卡中设置每页 33 行。

3）【解析】

① 将光标定位在文字"2016 年 5 月"的下方，单击"布局"→"页面设置"→"分隔符"下拉按钮，在弹出的下拉列表中选择"下一页"选项，即可把封面文字内容分为独立一节。

② 将光标定位在目录文字最后一行的下方，单击"布局"→"页面设置"→"分隔符"下拉按钮，在弹出的下拉列表中选择"下一页"选项，即可把目录内容分为独立一节。

③ 将光标定位在"李莉手机：189×××1473"文字下方，单击"布局"→"页面设置"→"分隔符"下拉按钮，在弹出的下拉列表中选择"下一页"选项，即可把正文第一部分内容分为独立一节。

④ 将光标定位在"7.会后……"文字下方，单击"布局"→"页面设置"→"分隔符"下拉按钮，在弹出的下拉列表中选择"下一页"选项，即可把正文第二部分内容分为独立一节。

⑤ 将光标定位在"请在此处……"黄色底纹文字下方，单击"布局"→"页面设

置"→"分隔符"下拉按钮,在弹出的下拉列表中选择"下一页"选项,即可把正文第三、四部分内容分为独立一节。

⑥ 选中封面页的页码,单击"插入"→"页眉和页脚"→"页码"下拉按钮,在弹出的下拉列表中选择"删除页码"选项。将光标定位在目录页面,单击"插入"→"页眉和页脚"→"页码"下拉按钮,在弹出的下拉列表中选择"页面底端"→"普通数字3"选项。然后选中目录页的页码,单击"插入"→"页眉和页脚"→"页码"下拉按钮,在弹出的下拉列表中选择"设置页码格式"选项,打开"页码格式"对话框,在"编号格式"下拉列表中选择罗马数字,单击"确定"按钮,关闭对话框。

⑦ 将光标定位在正文第一部分页面中,单击"插入"→"页眉和页脚"→"页码"下拉按钮,在弹出的下拉列表中选择"页面底端"→"普通数字3"选项。然后选中目录页的页码,单击"插入"→"页眉和页脚"→"页码"下拉按钮,在弹出的下拉列表中选择"设置页码格式"选项,打开"页码格式"对话框,在"编号格式"下拉列表中选择"-1-, -2-, -3-, …"样式,在"页码编号"选项组中设置"起始页码"为1,单击"确定"按钮,关闭对话框。

⑧ 分别选中正文其他页面的页码,单击"插入"→"页眉和页脚"→"页码"下拉按钮,在弹出的下拉列表中选择"设置页码格式"选项,打开"页码格式"对话框,在"页码编号"选项组中设置"起始页码"为1,单击"确定"按钮,关闭对话框。

4)【解析】

① 打开"封面.jpg"样例,查看封面布局。

② 选中文字"《办公管理系统》需求评审会",分别单击"开始"→"字体"→"字体"或"字号"下拉按钮,将字体设为华文中宋,字号设置为二号。

③ 单击"插入"→"文本"→"文本框"下拉按钮,在弹出的下拉列表中选择"绘制竖排文本框"命令,此时光标会变成十字状,在封面页的中间位置绘制一个竖排文本框,在文本框内输入"会议秩序册"。选中文本框中的文字,分别单击"开始"→"字体"→"字体"或"字号"下拉按钮,将字体设为华文中宋,字号设置为小一。

④ 选中其余文字,分别单击"开始"→"字体"→"字体"或"字号"下拉按钮,将字体设为仿宋,字号设置为四号。

⑤ 按照"封面.jpg"样例,调整文字布局。

5)【解析】

① 选中"一、报道、会务组",在"开始"选项卡"样式"选项组中选择"标题1";在文字选中的状态下,单击"开始"→"段落"→"段落设置"按钮,打开"段落"对话框,在"缩进和间距"选项卡中设置"行距"为"单倍行距","特殊"为"悬挂","段前""段后"为"自动"。

② 选中"一、报道、会务组",单击"开始"→"段落"→"编号"下拉按钮,在弹出的下拉列表中选择"一、二……"编号样式。

③ 其他3个标题"二、会议须知""三、会议安排""四、专家及会议代表名单"均参照第一个标题设置。

6）【解析】

① 选中第一部分的正文内容，分别单击"开始"→"字体"→"字体"或"字号"下拉按钮，将字体设为宋体、字号设为五号。

② 单击"开始"→"段落"→"段落设置"按钮，打开"段落"对话框，在"缩进和间距"选项卡中设置"行距"为"固定值""16 磅"，"特殊"为首行缩进 2 字符，在"段落"选项组中设置文字对齐方式为左对齐。

③ 同理设置第二部分（"二、会议须知"）中的正文内容。

7）【解析】

① 打开素材图片"表 1.jpg"，查看表格布局。

② 将光标定位在正文第三部分中，单击"插入"→"表格"→"表格"下拉按钮，在弹出的下拉列表中选择"插入表格"选项，打开"插入表格"对话框，在"列数"文本框中输入"4"，在"行数"文本框中输入"9"。

③ 选中表中第 2 列的 2、3 两行，单击"表格工具｜布局"→"合并"→"合并单元格"按钮；选中第 2 列 4、5、6、7 行，单击"表格工具｜布局"→"合并"→"合并单元格"按钮；选中第 2 列 8、9 两行，单击"表格工具｜布局"→"合并"→"合并单元格"按钮；选中第 4 列除第 1 行外所有行，单击"表格工具｜布局"→"合并"→"合并单元格"按钮。

④ 选中第 1 列除第 1 行外所有行，单击"开始"→"段落"→"编号"下拉按钮，在弹出的下拉列表中选择"1.2⋯⋯"编号样式，使序号自动填充到表格。选中序号，在"开始"选项卡"段落"选项组中设置序号居中。

⑤ 按照素材图片"表 1.jpg"中的样例，将素材文档"会议秩序册文本素材.docx"的内容填入表格。选中表格标题，单击"开始"→"字体"→"字体"下拉按钮，将字体设为黑体。

⑥ 选中表格第 1 行，单击"表格工具｜设计"→"表格样式"→"底纹"下拉按钮，在"主体颜色"中选择"黑色，文字 1，淡色 50%"。

⑦ 调整表格并插入相应位置。

8）【解析】

① 打开素材图片"表 2.jpg"，查看表格布局。

② 将光标定位在正文第四部分中，单击"插入"→"表格"→"表格"下拉按钮，在弹出的下拉列表中选择"插入表格"选项，打开"插入表格"对话框，在"列数"文本框中输入"5"，在"行数"文本框中输入"20"。

③ 选中表中第 2 行，单击"表格工具｜布局"→"合并"→"合并单元格"按钮，单击"表格工具｜设计"→"表格样式"→"底纹"下拉按钮，在"标准颜色"中选择"深红"；选中第 11 行，单击"表格工具｜布局"→"合并"→"合并单元格"按钮，单击"表格工具｜设计"→"表格样式"→"底纹"下拉按钮，在"主体颜色"中选择"橙色，强调文字颜色 6"。

④ 选中第 1 列 3~10 行，单击"开始"→"段落"→"编号"下拉按钮，在弹出的下拉列表中选择"1.2……"编号样式，使序号自动填充到表格。选中序号，在"开始"选项卡"段落"选项组中设置序号居中；选中第 1 列 12~20 行，单击"开始"→"段落"→"编号"下拉按钮，在弹出的下拉列表中选择"1.2……"编号样式，使序号自动填充到表格。选中序号，在"开始"选项卡"段落"选项组中设置序号居中。

⑤ 选中整个表格，单击"表格工具丨布局"→"对齐方式"→"水平居中"按钮。

⑥ 按照素材图片"表 2.jpg"中的样例，将素材文档"秩序册文本素材.docx"的内容填入表格。选中表格标题，单击"开始"→"字体"→"字体"下拉按钮，将字体设为黑体。

⑦ 调整表格并插入相应位置。

9）【解析】

① 选中目录页"一、二、三、四"内容，单击"引用"→"目录"→"目录"下拉按钮，在弹出的下拉列表中选择"自动目录 1"目录样式，插入目录页的相应位置。

② 选中目录，单击"开始"→"字体"→"字号"下拉按钮，将字号设为四号。

2．电子表格。

1）【解析】

打开素材文件"素材.xlsx"，选择"文件"→"另存为"命令，打开"另存为"对话框，选择文件存放位置，"保存类型"为"Excel 工作簿（*.xlsx）"，"文件名"为"年级期末成绩分析.xlsx"，单击"保存"按钮关闭对话框。

2）【解析】

① 打开"年级期末成绩分析.xlsx"表，在"2016 级计算机"工作表中最右侧依次输入标题"总分""平均分""年级排名"。

② 选中 A1:O1 单元格区域，单击"开始"→"对齐方式"→"合并后居中"按钮，完成单元格的合并。选中第 1 行的文字，在"开始"选项卡"字体"选项组中设置字体、字号，使之成为工作表的标题。

③ 选中 A2:O122 单元格区域，单击"开始"→"样式"→"表样式中等深浅 15"样式，在打开的"套用表格式"对话框中选中"表包含标题"复选框，单击"确定"按钮。

④ 选工作表所有列，单击"开始"→"对齐方式"→"居中"按钮。

⑤ 选中"年级排名"列数据，右击，在弹出的快捷菜单中选择"设置单元格格式"命令，打开"设置单元格格式"对话框，选择"数值"选项，设置小数位数为 0，单击"确定"按钮。

⑥ 选择其他成绩列，右击，在弹出的快捷菜单中选择"设置单元格格式"命令，打开"设置单元格格式"对话框，选择"数值"选项，设置小数位数为 1，单击"确定"按钮。

3）【解析】

① 在 M3 单元格内输入公式"=SUM(表 2[@[英语]:[健康教育]])"，然后按【Enter】键，计算出总分，选择 M3 单元格，将光标定位在 M3 单元格的右下角，光标会变成细黑十字状的填充柄，一直拖动到 M122 单元格，完成所有总分计算。

② 在 N3 单元格内输入公式"=AVERAGE(表 2[@[英语]:[健康教育]])"，然后按【Enter】键，选择 N3 单元格，将光标定位在 N3 单元格的右下角，光标会变成细黑十字状的填充柄，一直拖动到 N122 单元格，完成平均分计算。

③ 在 O3 单元格内输入公式"=RANK(表 2[@[英语]:[健康教育]])"，然后按【Enter】键，选择 O3 单元格，将光标定位在 O3 单元格的右下角，光标会变成细黑十字状的填充柄，一直拖动到 O122 单元格，完成年级排名。

④ 选中 D3:L122 单元格区域，单击"开始"→"样式"→"条件格式"下拉按钮，在弹出的下拉列表中选择"突出显示单元格规则"→"其他规则"选项，打开"新建格式规则"对话框，设置"选择规则类型"为"只为包含以下内容的单元格设置格式"，在"编辑规则说明"选项组中选择"小于"选项，在后面的文本框中输入"60"，单击"格式"按钮打开"设置单元格格式"对话框，在"字体"选项卡中设置"颜色"为红色，在"填充"选项卡中设置"背景色"为黄色，依次单击"确定"按钮。

4）【解析】

在 A3 单元格内输入公式"=LOOKUP(MID(B3,3,2),{"01","02","03","04"},{"计算机一班","计算机二班","计算机三班","计算机四班"})"，然后按【Enter】键，统计出学生所在班级，选择 A3 单元格，将光标定位在 A3 单元格的右卜角，光标会变成细黑十字状的填充柄，一直拖动到 A122 单元格。

5）【解析】

① 选中"2016 级计算机"工作表的任意单元格，单击"插入"→"表格"→"数据透视表"按钮，打开"创建数据透视表"对话框，设置"选择放置数据透视表的位置"为"新工作表"，单击"确定"按钮，会出现一个新的工作表。

② 右击新工作表的名称，在弹出的快捷菜单中选择"重命名"命令，输入"班级平均分"，然后按【Enter】键，完成工作表名称的修改。

③ 右击"班级平均分"工作表名称，在弹出的快捷菜单中选择"工作表标签颜色"命令，在"主题颜色"列表中选择红色，完成工作表标签颜色的设置。

④ 打开"班级平均分"工作表，在该工作表的右侧会有"数据透视表字段列表"窗口。在"选择要添加到报表的字段"列表框中选中"班级"拖动到"在以下区域间拖动字段"选项组中的"行"标签下面，同理拖动"英语""体育""高等数学""大学物理""思想道德修养""职业生涯规划""计算机导论""形势与政治""健康教育"到"值"标签下，单击"英语"字段右侧的下拉按钮，在弹出的下拉列表中选择"字段设置"选项，打开"字段设置"对话框，选中"自定义"单选按钮，并在其下列表框中选择"平均值"选项，单击"确定"按钮，同理依次设置其他科目的字段。

⑤ 选中"班级平均分"工作表中的所有内容区域，单击"开始"→"样式"→"套用表格格式"下拉按钮，在弹出的下拉列表中选择"数据透视表样式中等深浅15"表格样式。

⑥ 选中"班级平均分"工作表中的所有列，单击"开始"→"对齐方式"→"居中"按钮；选中所有数据区域，右击，在弹出的快捷菜单中选择"设置单元格格式"命令，打开"设置单元格格式"对话框，在"数字"选项卡中选择"数值"选项，设置小数位数为1，单击"确定"按钮。

6）【解析】

① 选中除"总计"行之外的所有内容区域，单击"插入"→"图表"→"插入柱形图或条形图"下拉按钮，在弹出的下拉列表中选择"二维柱形图"→"簇状柱形图"选项，查看其中水平簇标签是否为班级，图例项是否为课程名称，如果不是则选中数据图，在"数据透视图工具"选项卡中进行相关设置，然后移动数据图到A10:H30单元格区域中。

② 保存Excel表格并关闭。

3．演示文稿。

1）【解析】

选择"文件"→"保存"命令，打开"另存为"对话框，选择文件存放位置，设置"保存类型"为"PowerPoint演示文稿（*.pptx）"，设置"文件名"为"北京主要景点介绍.pptx"，单击"保存"按钮关闭对话框。

2）【解析】

打开"北京主要景点介绍.pptx"演示文稿，单击"开始"→"幻灯片"→"新建幻灯片"下拉按钮，在弹出的下拉列表中选择"标题幻灯片"选项。在标题文本框中输入"北京主要景点介绍"，在副标题文本框中输入"历史的积淀"。

3）【解析】

① 选中第1张幻灯片，单击"插入"→"媒体"→"音频"下拉按钮，在弹出的下拉列表中选择"PC上的音频"选项，打开"插入音频"对话框，选中"北京欢迎你.mp3"音频文件，单击"插入"按钮，即可把音乐插入幻灯片中。

② 选中表示音乐的小喇叭图标，在"音频工具|播放"选项卡"音频选项"选项组中设置"开始"为"自动"，选中"放映时隐藏"复选框。

4）【解析】

单击"开始"→"幻灯片"→"新建幻灯片"下拉按钮，在弹出的下拉列表中选择"标题和内容"选项。在标题文本框中输入"北京主要景点"；在文本区域中依次输入"天安门""故宫""天坛""八达岭长城""颐和园"，并选中这些内容，单击"开始"→"段落"→"项目符号"下拉按钮，在弹出的下拉列表中选择一种符号即可。

5）【解析】

① 单击"开始"→"幻灯片"→"新建幻灯片"下拉按钮，在弹出的下拉列表中选择"两栏内容"选项，同理添加第4～第7张幻灯片。

② 选中第 3 张幻灯片,在标题栏输入"天安门"。打开素材"北京主要景点介绍文字.docx"将相应的景点介绍填入左边文本区域,在右栏文本区域中单击"插入来自文件的图片"按钮,打开"插入图片"对话框,选中文件夹下的"天安门.jpg",单击"插入"按钮。同理,设置介绍其他景点的幻灯片。

6)【解析】

单击"开始"→"幻灯片"→"新建幻灯片"下拉按钮,在弹出的下拉列表中选择"空白"幻灯片,单击"插入"→"文本"→"艺术字"下拉按钮,在弹出的下拉列表中选择一种艺术字样式,输入文字"北京欢迎你"。

7)【解析】

① 选中第 2 张幻灯片,使之成为当前幻灯片。选中文字"天安门",单击"插入"→"链接"→"链接"按钮,打开"插入超链接"对话框,在"链接到"列表框中选择"本文档中的位置",在"请选择文档中的位置"列表中选择"3.天安门"选项,单击"确定"按钮。同理为第 2 张幻灯片其他内容添加超链接。

② 选中第 3 张幻灯片,使之成为当前幻灯片。单击"开始"→"绘图"→"其他"按钮,在弹出的下拉列表中选择"动作按钮"中的任意一个图形,此时光标会变成细十字状,在幻灯片下方适当的位置绘制一个按钮,会弹出"操作设置"对话框,在"单击鼠标"选项卡的"超链接到"下拉列表中选择"幻灯片"选项,打开"超链接到幻灯片"对话框,选中"2.北京主要景点"选项,单击"确定"按钮。同理,为其他介绍景点的幻灯片添加返回第 2 张幻灯片的动作按钮。

8)【解析】

① 在"设计"选项卡"主题"选项组中选择一种字体和整体布局合理、色调统一的主题。

② 选中第 1 张幻灯片,在"切换"选项卡"切换到幻灯片"选项组中任意选择一种切换方式。同理,依次为其他幻灯片设置切换方式。

③ 选中第 1 张幻灯片的文字,在"动画"选项卡"动画"选项组中任意选择一种动画效果。同理,为其他幻灯片的文字和图片设置动画效果。

9)【解析】

单击"插入"→"文本"→"幻灯片编号"按钮,打开"页眉和页脚"对话框,在"幻灯片"选项卡中选中"日期和时间"复选框,选中"自动更新"单选按钮,再选中"幻灯片编号"复选框和"标题幻灯片中不显示"复选框,单击"全部应用"按钮,关闭对话框。

10)【解析】

① 单击"幻灯片放映"→"设置"→"设置幻灯片放映"按钮,打开"设置放映方式"对话框,在"放映选项"选项组中选中"循环放映,按 ESC 键终止"选项,在"推进幻灯片"选项组中选中"手动"单选按钮,在"放映幻灯片"选项组中选中"全部"单选按钮,单击"确定"按钮。

② 保存演示文稿并关闭。

模拟试题 11

一、选择题

1. D　2. D　3. B　4. B　5. C　6. C　7. D　8. C　9. A　10. D
11. C　12. C　13. D　14. B　15. B　16. A　17. B　18. D　19. A　20. D

二、操作题

1．文字处理。

1）【解析】

在素材文件夹中选中"Word_素材.docx"文件，右击，在弹出的快捷菜单中选择"重命名"命令，然后将文件名称中的"Word_素材.docx"修改成"Word.docx"，在空白区域单击即可。注意：不能删除文件扩展名".docx"。

2）【解析】

选中"会议议程："段落后的 7 行文字，单击"插入"→"表格"→"表格"下拉按钮，在弹出的下拉列表中选择"文本转换成表格"选项，在打开的"将文字转换成表格"对话框中进行相关设置，即可将文字转换为 3 行 7 列的表格，适当调整表格列宽。

3）【解析】

选中表格，在"表格工具|设计"→"表格样式"选项组中任意选择一种表格样式，使表格更加美观。

4）【解析】

选中整个表格，单击"插入"→"文本"→"文档部件"下拉按钮，在弹出的下拉列表中选择"将所选内容保存到文档部件库"选项，打开"新建构建基块"对话框，在"库"下拉列表中选择"表格"选项，在"名称"文本框中输入"会议议程"，单击"确定"按钮。

5）【解析】

选择文档末尾的日期，单击"插入"→"文本"→"日期和时间"按钮，打开"日期和时间"对话框，在"语言（国家/地区）"下拉列表中选择"中文（中国）"选项，在"可用格式"列表框中选择当天时间的"2017 年 1 月 1 日"格式，选中"自动更新"复选框，单击"确定"按钮。

6）【解析】

① 将光标定位到"尊敬的"之后，单击"邮件"→"开始邮件合并"→"开始邮件合并"下拉按钮，在弹出的下拉列表中选择"信函"选项；单击"选择收件人"下拉按钮，在弹出的下拉列表中选择"使用现有列表"选项，打开"选择数据源"对话框，选择素材文件夹下的"通讯录.xlsx"，单击"打开"按钮，此时打开"选择表格"对话框，选择保存客户姓名信息的工作表名称，单击"确定"按钮。

② 单击"邮件"→"编写和插入域"→"插入合并域"下拉按钮，在弹出的下拉列表中选择"姓名"选项；将光标定位到插入的姓名域后面，单击"规则"下拉按钮，在弹出的下拉列表中选择"如果……那么……否则……"选项，打开"插入 Word 域"对话框，进行信息设置［设置"域名"为"性别"，"比较条件"为"等于"，"比较对象"为"男"，则在插入此文字下的文本框中输入"（先生）"，否则在插入此文字下的文本框中输入"（女士）"］，单击"确定"按钮。

7）【解析】

单击"邮件"→"完成"→"完成并合并"下拉按钮，在弹出的下拉列表中选择"编辑单个信函"选项，打开"合并到新文档"对话框，选中"全部"单选按钮，单击"确定"按钮。将信函 1 另存到素材文件夹下，文件名为"Word-邀请函.docx"。

8）【解析】

选中"Word-邀请函.docx"中的所有文字内容，单击"审阅"→"中文简繁转换"→"简转繁"按钮。

9）【解析】

分别保存两个文档。

10）【解析】

分别关闭两个文件。

2．电子表格。

1）【解析】

① 设置单元格数据类型。

a．选中工作表的第 1 列，单击"开始"→"数字"→"常规"下拉按钮，在弹出的下拉列表中选择"文本"选项。

b．选中 D2:J19 单元格区域，单击"开始"→"数字"→"常规"下拉按钮，在弹出的下拉列表中选择"数字"选项，设置选定的单元格区域数值格式（默认保留 2 位小数）。

② 设置单元格行号和列宽。选中 A1:J19 单元格区域，单击"开始"→"单元格"→"格式"下拉按钮，在弹出的下拉列表中分别选择"行高"选项和"列宽"选项，设置行高和列宽的值。注意：行高和列宽要大于默认的行高和列宽值。

③ 设置单元格文本格式。继续选中 A1:J19 单元格区域，通过"开始"选项卡"字体"选项组中的相应按钮，设置单元格中文本的字体、字号。

④ 设置单元格边框和底纹样式。

a．根据阅读习惯，可以分别为标题行、总分列和平均分列设置单元格底纹，方便阅读。选中要设置底纹的行或列，通过单击"开始"→"字体"→"填充颜色"下拉按钮，可以为选定的单元格设置一种底纹。

b．选中 A1:J19 单元格区域，通过单击"开始"→"字体"→"边框"下拉按钮，可以为单元格设定边框线。

2）【解析】

① "条件格式"功能的设置。

a．选中 D2:F19 单元格区域，单击"开始"→"样式"→"条件格式"下拉按钮，在弹出的下拉列表中选择"突出显示单元格规则"→"其他规则"选项，打开"新建格式规则"对话框。

b．在"新建格式规则"对话框中进行设置：设置"选择规则类型"为"只为包含以下内容的单元格设置格式"，在"编辑规则说明"选项组下方的 3 个下拉列表框中分别选择"单元格值""大于或等于""90"。

c．单击"格式"按钮，打开"设置单元格格式"对话框，在"填充"选项卡中选择"背景色"为"绿色"。单击"确定"按钮返回上一对话框，继续单击"确定"按钮退出对话框。

d．选中 D2:H19 单元格区域，单击"条件格式"下拉按钮，在弹出的下拉列表中选择"突出显示单元格规则"→"小于"选项，打开"小于"对话框，在设置值的文本框中输入"60"，在"设置为"下拉列表中选择"红色文本"选项，单击"确定"按钮。

② 计算公式的使用。

a．在"期末成绩表"工作表中，在 I2 单元格内输入公式"=SUM(D2:H2)"，然后拖动 H3 单元格右下角的填充柄，一直拖动到 I19 单元格上，即可求出每个学生的总分值。

b．在"期末成绩表"工作表中，在 J2 单元格内输入公式"=AVERAGE(D2:H2)"，然后拖动 J3 单元格右下角的填充柄，一直拖动到 J19 单元格上，即可求出每个学生的平均分。

3）【解析】

① 右击"期末成绩表"标签名称，在弹出的快捷菜单中选择"移动或复制"命令，打开"移动或复制工作表"对话框。

② 选中"建立副本"复选框，然后在"下列选定工作表之前"列表框中选择"（移至最后）"选项，单击"确定"按钮，就能在"期末成绩表"工作表之后建立一个"期末成绩表"的副本——"期末成绩表（2）"。

③ 继续右击"期末成绩表（2）"标签，在弹出的快捷菜单中选择"重命名"命令修改工作表名称为"分类汇总"，选择"工作表标签颜色"命令设定表标签的颜色。

4）【解析】

① 数据排序。在"分类汇总"工作表中，选中 A1:J19 单元格区域，单击"数据"→"排序和筛选"→"排序"按钮，打开"排序"对话框，设置"主要关键字"为"性别"字段，单击"确定"按钮，完成数据表的排序。

② 数据分类汇总。单击"数据"→"分级显示"→"分类汇总"按钮，打开"分类汇总"对话框，设置"分类字段"为"性别"，"汇总方式"为"平均值"，在"选定汇总项"选项组中仅选中"平均分"复选框，最后选中"每组数据分页"复选框，单击"确定"按钮，完成数据分类汇总。

5）【解析】

① 建立图表。

a．选中 A2:J21 单元格区域，单击"数据"→"分级显示"→"隐藏明细数据"按钮，此时，表格中仅显示汇总后的数据条目。

b．在选中数据的状态下，单击"插入"→"图表"→"插入柱形图或条形图"下拉按钮，在弹出的下拉列表中选择"簇状柱形图"图表样式，此时，会在工作表生成一个图表。

② 移动图表。选中新生成的图表，单击"图表工具 | 设计"→"位置"→"移动图表"按钮，打开"移动图表"对话框，选中"新工作表"单选按钮，在右侧的文本框中输入"柱状分析图"，单击"确定"按钮即可新建一个工作表且将此图表放置于其中。

6）【解析】

单击快速访问工具栏中的"保存"按钮，以原文件名保存修改。

3．演示文稿。

1）【解析】

① 插入文本链接。首先选中第 1 张幻灯片中的第一个方框，然后单击"插入"→"链接"→"链接"按钮，打开"插入超链接"对话框，在对话框最左边的"链接到"选项组中选择"本文档中的位置"选项，接着在"请选择文档中的位置"列表框中选择"幻灯片标题"级别下的"2．培训大纲"幻灯片，单击"确定"按钮，即可建立文本与幻灯片的链接。用同样的方法，设置其他 5 个方框的链接。

② 插入图形链接。

a．单击"插入"→"插图"→"形状"下拉按钮，在弹出的下拉列表中选择一种图形，然后添加到第 2 张幻灯片中，并在图形中添加文本"返回"。

b．参照插入文本链接的操作步骤，为该图形建立一个链接，该链接对象为"1．幻灯片 1"页。最后将该图形复制到第 3～第 7 张幻灯片中。

③ 设置幻灯片切换方式。在"切换"选项卡"计时"选项组中，取消选中"单击鼠标时"复选框，然后单击"全部应用"按钮，即可取消每张幻灯片单击切换的功能。

2）【解析】

在"设计"选项卡"主题"选项组中选择一种主题样式，即可应用到整个演示文稿中。

3）【解析】

选中"2．培训大纲"幻灯片页中的 6 行文本，然后单击"开始"→"段落"→"转换为 SmartArt"下拉按钮，在弹出的下拉列表中选中一种适合此 6 行文本的 SmartArt 图形。如果没有合适的图形，可以选择列表底部的"其他 SmartArt 图形"选项，打开"选择 SmartArt 图形"对话框，进行更多的设置。

4）【解析】

① 选中第 3 张幻灯片，单击"设计"→"自定义"→"设置背景格式"按钮，打开"设置背景格式"窗口。

② 在"设置背景格式"窗口中选中"图案填充"单选按钮，接着在"图案"列表框中选择一种图案，单击"关闭"按钮。

5）【解析】

① 选中第 4 张幻灯片，单击"插入"→"表格"→"表格"下拉按钮，在弹出的下拉列表中选择"插入表格"选项，打开"插入表格"对话框，设置列数为"3"，行数为"6"，单击"确定"按钮，此时，在幻灯片中插入了一个 6 行 3 列的表格。

② 将第 4 张幻灯片中的内容按行列数剪切到表格中，适当调整表格的大小，使排版美观。

6）【解析】

① 选中第 5 张幻灯片页中的箭头对象，在"动画"选项卡"动画"选项组中选择一种动画即可为箭头指定播放时的动画。

② 在"动画"选项卡"计时"选项组中，通过设置"持续时间"值，可以控制动画播放的速度。

7）【解析】

① 选中第 6 张幻灯片，单击"开始"→"幻灯片"→"版式"下拉按钮，在弹出的下拉列表中选择"图片和标题"选项。

② 单击图片占位符中的"插入来自文件的图片"图标按钮，打开"插入图片"对话框，将素材文件夹下的"插图.jpg"插入幻灯片中。

8）【解析】

① 选中第 7 张幻灯片，在"切换"选项卡"切换到此幻灯片"选项组中选择一种切换方式即可设置该幻灯片的切换效果。

② 在"切换"选项卡的"计时"选项组中，从"声音"下拉列表中选择一种音效作为切换时的音乐。

9）【解析】

单击快速访问工具栏中的"保存"按钮即可保存修改。

模拟试题 12

一、选择题

1．C　2．B　3．D　4．D　5．D　6．B　7．A　8．D　9．D　10．B
11．B　12．D　13．D　14．A　15．A　16．A　17．A　18．D　19．A　20．B

二、操作题

1．文字处理。

1）【解析】

① 在"开始"菜单下新建一个 Word 文档，在 Word 文档的"文件"选项卡中单击

"保存"按钮，打开"另存为"对话框，确定文件存放位置，"保存类型"为"Word 文档（*.docx）"，"文件名"为"W.docx"，单击"保存"按钮关闭对话框。

② 单击"布局"→"页面设置"→"页面设置"按钮，打开"页面设置"对话框，在"纸张"选项卡中设置"纸张大小"为 A4，在"页边距"选项卡中设置上、下页边距为 3 厘米，左、右页边距为 4.2 厘米。

2）【解析】

① 单击"插入"→"插图"→"形状"下拉按钮，在弹出的下拉列表中选择"矩形"选项，此时光标会变成细十字状，在文档页面上画出一个矩形。选中矩形，单击"绘图工具｜格式"→"形状样式"→"形状填充"下拉按钮，在弹出的下拉列表中选择标准色蓝色。

② 选中矩形形状，单击"绘图工具｜格式"→"排序"→"位置"下拉按钮，在弹出的下拉列表中选择"其他布局选项"选项，打开"布局"对话框，在"文字环绕"选项卡中设置"环绕方式"为"衬于文字下方"；在"大小"选项卡取消选中"锁定纵横比"复选框，在"高度"选项组中设置"绝对值"为 29.7 厘米，在"宽度"选项组中设置"绝对值"为 21.2 厘米，单击"确定"按钮，调整矩形与页面重合。

③ 单击"插入"→"插图"→"形状"下拉按钮，在弹出的下拉列表中选择"圆角矩形"选项，此时光标会变成细十字状，在文档页面上画出一个圆角矩形。选中圆角矩形，单击"绘图工具｜格式"→"形状样式"→"形状填充"下拉按钮，在弹出的下拉列表中选择标准色白色。

④ 选中圆角矩形形状，单击"绘图工具｜格式"→"排序"→"位置"下拉按钮，在弹出的下拉列表中选择"其他布局选项"选项，打开"布局"对话框，在"文字环绕"选项卡中设置"环绕方式"为"衬于文字下方"。

⑤ 打开"简历参考样式.jpg"图片，参照图片上的样式，调整页面布局。

3）【解析】

① 单击"插入"→"插图"→"形状"下拉按钮，在弹出的下拉列表中选择"圆角矩形"选项，此时光标会变成细十字状，在文档页面上画出一个圆角矩形。选中圆角矩形，单击"绘图工具｜格式"→"形状样式"→"形状填充"下拉按钮，在弹出的下拉列表中选择标"无填充颜色"选项，在"形状轮廓"下拉列表中选择标准蓝色，仍旧在"形状轮廓"下拉列表中选择"虚线"中的圆点样式。

② 单击"插入"→"插图"→"形状"下拉按钮，在弹出的下拉列表中选择"圆角矩形"选项，此时光标会变成细十字状，参照"简历参考样式.jpg"样式，在虚线圆角矩形框上画出一个圆角矩形。选中圆角矩形，单击"绘图工具｜格式"→"形状样式"→"形状填充"下拉按钮，在弹出的下拉列表中选择标准色蓝色，在"形状轮廓"下拉列表中选择标"无轮廓"选项。选中此圆角矩形，右击，在弹出的快捷菜单中选择"编辑文字"命令，即可输入文字"工作经验及特长"。

③ 参照实例文件调整图形在文档中的位置。

4）【解析】

① 单击"插入"→"文本"→"文本框"下拉按钮，在弹出的下拉列表中选择"绘制横排文本框"选项，此时光标会变成细十字状，在文档页面上方画出 3 个文本框，参照示例文件，分别将相应的内容填入 3 个文本框（文字素材可在"WORD 素材.txt"里获得），并调整文字的字体、字号、位置等。选中文本框，单击"绘图工具｜格式"→"形状样式"→"形状轮廓"下拉按钮，在弹出的下拉列表中选择"无轮廓"选项。

② 同理，参照示例文件，在文档页面中其他地方添加文本框，在文本框内添加相应的内容，并调整文字的字体、字号、位置等。选中文本框，单击"绘图工具｜格式"→"形状样式"→"形状轮廓"下拉按钮，在弹出的下拉列表中选择"无轮廓"选项。

5）【解析】

单击"插入"→"文本"→"文本框"下拉按钮，在弹出的下拉列表中选择"绘制文本框"选项，此时光标会变成细十字状，参照示例文件在文档页面的左上角绘制一个文本框。将光标定位在文本框内，单击"插入"→"插图"→"图片"按钮，打开"插入图片"对话框，选择考生文件夹中的"1.png"图片，单击"插入"按钮。选择插入的图片，单击"图片工具｜格式"→"大小"→"裁剪"下拉按钮，在弹出的下拉列表中选择"裁剪"选项，参照示例文件裁剪图片，被裁剪掉的部分会变成灰色，单击文档的空白处就可以删除被裁剪掉的图片。调整图片的大小和位置。

同理，参照示例文件在文档中插入图片"2.jpg""3.jpg""4.jpg"，不需要裁剪。

6）【解析】

① 单击"插入"→"插图"→"形状"下拉按钮，在弹出的下拉列表中选择"线条"中的一种箭头图案，参照实例文件图片，在适当的位置绘制一个纵向箭头。选中纵向箭头，单击"绘图工具｜格式"→"形状样式"→"其他"按钮，在弹出的下拉列表中选择"纯色填充-强调颜色 5"选项，在"形状轮廓"下拉列表中选择标准色蓝色。

② 单击"插入"→"插图"→"形状"下拉按钮，在弹出的下拉列表中选择"箭头总汇"中的右箭头图案，参照实例文件图片，在适当的位置绘制一个右箭头。选中右箭头，单击"绘图工具｜格式"→"形状样式"→"形状填充"下拉按钮，在弹出的下拉列表中选择标准色蓝色，单击"形状轮廓"下拉按钮，在弹出的下拉列表中选择"无轮廓"选项。同理，绘制其他右箭头。

③ 将光标定位在文档下部空白文本框中，单击"插入"→"插图"→"SmartArt"按钮，打开"选择 SmartArt 图形"对话框，选择合适的图示类型，单击"确定"按钮，按照实例文件图片添加文字，调整文字大小。

7）【解析】

① 参照示例文件，选中"较好的语言表达能力及客户沟通能力"，单击"开始"→"段落"→"项目符号"下拉按钮，在弹出的下拉列表中选择对钩符号，同理，设置其他 3 处。

② 将光标定位在"大学期间……"字段的最前面，按空格键，空出一个字的长度，单击"插入"→"插图"→"形状"下拉按钮，在弹出的下拉列表中选择五角星形状，

此时光标会变成黑十字状，然后在要求添加五角星的字段前面，画出一个五角星。选中五角图案，在"绘图工具｜格式"选项卡"形状样式"选项组中将"形状填充""形状轮廓"设为红色即可，调整五角星的位置和大小。复制五角星图案，放到其他 3 处即可。

2．电子表格。

1）【解析】

打开"王丽的家庭开支"工作表，在 A1 单元格输入文字"王丽 2015 年度家庭开支明细"，选中 A1:M1 单元格区域，单击"开始"→"对齐方式"→"合并后居中"按钮，完成单元格的合并与居中。

2）【解析】

① 选中任意单元格，单击"页面布局"→"主题"→"主题"下拉按钮，在弹出的下拉列表中选择任意一种主题样式即可。

② 选中工作表所有内容区域，单击"开始"→"字体"→"字号"下拉按钮，调大字体。

③ 选中工作表所有内容区域，单击"开始"→"单元格"→"格式"下拉按钮，在弹出的下拉列表中选择"列宽"选项，打开"列宽"对话框，在"列宽"文本框中输入适当的值，单击"确定"按钮。

④ 选中除标题外的单元格数据区域，单击"开始"→"字体"→"字体设置"按钮，打开"设置单元格格式"对话框，在"边框"选项卡的"线条"列表框中任意选择一种线条样式和颜色，在"边框"中单击四周框线及其单元格内部框线，在预览框中查看效果；在"填充"选项卡中任意选择一种背景颜色，单击"确定"按钮。

3）【解析】

选中每月各类支出及总支出对应的单元格数据，右击，在弹出的快捷菜单中选择"设置单元格格式"命令，打开"设置单元格格式"对话框，在"数字"选项卡"分类"列表框中选择"货币"选项，设置小数位数为 0，在"货币符号（国家/地区）"列表框中选择人民币符号，单击"确定"按钮。

4）【解析】

① 在 M3 单元格内输入公式"=SUM(B3:L3)"，然后按【Enter】键完成一月份总支出的计算，选中 M3 单元格，将光标定位在 M3 单元格的右下角，光标会变成细黑十字状的填充柄，一直拖动到 M14 单元格完成其他月份总支出的计算。

② 在 B15 单元格内输入公式"=AVERAGE(B3:B14)"，然后按【Enter】键完成饮食月均开销的计算，选中 B15 单元格，将光标定位在 B15 单元格的右下角，光标会变成细黑十字状的填充柄，一直拖动到 M15 单元格完成其他支出月均开销和每月平均总支出。

③ 选中 A3:M14 单元格区域，单击"数据"→"排序和筛选"→"排序"按钮，打开"排序"对话框，设置"主要关键字"为"总支出"，"排序依据"为"数值"，"次序"为"降序"，单击"确定"按钮。

5）【解析】

① 选中 B3:L14 单元格区域，单击"开始"→"样式"→"条件格式"下拉按钮，在弹出的下拉列表中选择"突出显示单元格规则"→"其他规则"选项，打开"新建格式规则"对话框，设置"选择规则类型"为"只为包含以下内容的单元格设置格式"，在"编辑规则说明"选项组中依次选择"单元格值""大于"，在最后一个文本框中输入"1500"，单击"格式"按钮，打开"设置单元格格式"对话框，在"字体"选项卡中为字体设置一种醒目的颜色，在"填充"选项卡中为背景设置一种不遮挡数据的颜色，依次单击"确定"按钮。

② 选中 M3:M14 单元格区域。单击"开始"→"样式"→"条件格式"下拉按钮，在弹出的下拉列表中选择"突出显示单元格规则"→"大于"选项，打开"大于"对话框，在"为大于以下值的单元格设置格式"文本框内输入"=$M$15*1.1"，在"设置为"列表框中选择"自定义格式"选项，打开"设置单元格格式"对话框，在"填充"选项卡"背景色"列表框中选择一种颜色，要求颜色深浅不遮挡原数据，依次单击"确定"按钮。

6）【解析】

① 将光标定位在"饮食"列任一单元格，右击，在弹出的快捷菜单中选择"插入"命令，打开"插入"对话框，选中"整列"单选按钮，单击"确定"按钮。在 B2 单元格输入文字"季度"。

② 在 B3 单元格内输入公式" =LOOKUP(MONTH(A3),{1;4;7;10},{"1";"2";"3";"4"}&"季度")"，然后按【Enter】键，选中 B3 单元格，将光标定位在 B3 单元格的右下角，光标会变成细黑十字状的填充柄，一直拖动到 B14 单元格。

7）【解析】

① 在工作表"王丽的家庭开支"表名称上右击，在弹出的快捷菜单中选择"移动或复制"命令，打开"移动或复制工作表"对话框，在"下列选定工作表之前"列表框中选择"（移至最后）"选项，选中"建立副本"复选框，单击"确定"按钮。

② 在工作表"王丽的家庭开支（2）"表名称上右击，在弹出的快捷菜单中选择"重命名"命令，然后输入文字"按季度汇总"，按【Enter】键。

③ 在"按季度汇总"工作表表名称上右击，在弹出的快捷菜单中选择"工作表标签颜色"命令，在颜色列表中选择任意一种颜色。

④ 打开"按季度汇总"工作表，选中"月均开销"行，右击，在弹出的快捷菜单中选择"删除"命令，即可删除该行。

8）【解析】

① 选中"按季度汇总"工作表的所有内容区域，单击"数据"→"排序和筛选"→"排序"按钮，打开"排序"对话框，设置"主要关键字"为"季度"，"排序依据"为"数值"，"次序"为"升序"，单击"确定"按钮。

② 单击"数据"→"分级显示"→"分类汇总"按钮，打开"分类汇总"对话框，设置"分类字段"为"季度"，"汇总方式"为"平均值"，在"选定汇总项中"选中"饮

食""衣物""水电煤气网络""交通""通信""孩子早教""社交应酬""医疗保健""休闲旅游""个人兴趣""保险"复选框，然后选中"替换当前分类汇总"复选框和"汇总结果显示在数据下方"复选框，单击"确定"按钮。

9）【解析】

① 单击工作表下方的"插入工作表"按钮，插入一个新的工作表，在表名称上右击，在弹出的快捷菜单中选择"重命名"命令，输入文字"折线图"，然后按【Enter】键。

② 选中"按季度汇总"工作表中的B2:M18单元格区域，单击"插入"→"图表"→"插入折线图或面积图"下拉按钮，在弹出的下拉列表中选择"带数据标记的折线图"选项，选中折线图适当放大。选中折线图，单击"图表工具｜设计"→"数据"→"切换行/列"按钮，可设置水平轴标签为"各类开支"。

③ 选中折线图，单击"图表工具｜设计"→"数据"→"选择数据"按钮，打开"选择数据源"对话框，在"图例项"列表框中选中除"季度平均值"外的字段，然后单击"删除"按钮，然后单击"确定"按钮。

④ 对比折线图，选择"饮食"开支的最高季度月均支出值，单击"图表工具｜设计"→"添加图表元素"下拉按钮，在弹出的下拉列表中选择"数据标签"→"其他数据标签选项"选项，打开"设置数据标签格式"窗口，在"标签选项"选项组中选中"系列名称""类别名称""值"复选框，在"标签位置"选项组中选择适当的位置，单击"关闭"按钮。同理，设置其他开支的数据标签。

⑤ 折线图完成后，选中折线图，按【Ctrl+X】组合键剪切，在"折线图"工作表内按【Ctrl+V】组合键粘贴，适当调整折线图的大小和位置。

3．演示文稿。

1）【解析】

① 新建一个PowerPoint演示文稿，单击"开始"→"幻灯片"→"新建幻灯片"下拉按钮，在弹出的下拉列表中选择一种幻灯片版式。同理，添加其他4张幻灯片。

② 根据"ppt制作要求.docx"文件为每一张幻灯片添加相应的内容。

③ 单击"设计"→"主题"→"其他"按钮，在弹出的下拉列表中选择一种主题即可。

2）【解析】

① 选中第1张幻灯片，单击"开始"→"幻灯片"→"版式"下拉按钮，在弹出的下拉列表中选择"标题幻灯片"选项。

② 在标题文本框中输入文字"人文素质"；在副标题文本框中输入文字"信息工程学院"和制作日期（格式：××××年××月××日）内容。

3）【解析】

① 选中第3张幻灯片，单击"开始"→"幻灯片"→"版式"下拉按钮，在弹出的下拉列表中选择"标题和内容"选项，根据"ppt制作要求.docx"将文字布局到合适的位置。

② 选中第 4 张幻灯片，单击"开始"→"幻灯片"→"版式"下拉按钮，在弹出的下拉列表中选择"内容与标题"选项，根据"ppt 制作要求.docx"将内容布局到合适的位置。

4）【解析】

根据"ppt 制作要求.docx"文件中的动画类别提示，选中第 3 张幻灯片使之成为当前幻灯片，选中文字"人文素质是……所表现出来的气质与修养"，单击"动画"→"动画"→"其他"按钮，在弹出的下拉列表中选择"退出"中任意一种动画效果。同理，根据"ppt 制作要求.docx"文件中的动画类别提示设计其他内容的动画效果。通过单击"动画"→"计时"→"向前移动"或"向后移动"按钮调整动画效果的先后顺序。

5）【解析】

选中"ppt 制作要求.docx"文件中标红文字部分，在"开始"选项卡"字体"选项组中调整字体、字号和颜色，使内容比其他内容突出。

6）【解析】

① 选中第 2 张幻灯片，使之成为当前幻灯片，单击"插入"→"插图"→"SmarArt"按钮，打开"选择 SmartArt 图形"对话框，在"列表"列表框中选择"垂直框列表"图形，将"ppt 制作要求.docx"文件中要介绍的两项内容输入 SmartArt 图形文本框内。

② 选中文字"一、人文素质的涵义"，单击"插入"→"链接"→"链接"按钮，打开"插入超链接"对话框，在"链接到"列表框中选择"本文档中的位置"选项，在"请选择文档中的位置"列表框中选择第 3 张幻灯片，单击"确定"按钮。同理，将第二项内容链接到第 4 张幻灯片上。

7）【解析】

① 选中第 5 张幻灯片使之成为当前幻灯片，单击"开始"→"幻灯片"→"版式"下拉按钮，在弹出的下拉列表中选择"空白"版式。

② 单击"设计"→"自定义"→"设置背景格式"按钮，打开"设置背景格式"窗口，在"填充"选项组中选中"纯色填充"单选按钮，在"颜色"下拉列表中选择一种与幻灯片主题相符的颜色，单击"关闭"按钮，关闭窗口。

8）【解析】

① 选中第 5 张幻灯片，使之成为当前幻灯片。单击"插入"→"文本"→"艺术字"下拉按钮，在弹出的下拉列表中选择一种与背景色相符的艺术字样式，在艺术字文本框中输入"End"。

② 选中艺术字，单击"动画"→"动画"→"形状"按钮，单击"效果选项"下拉按钮，在弹出的下拉列表中选择"圆形"选项，适当调整文字大小、位置等。

③ 将演示文稿以"ppt.pptx"的名称保存，关闭演示文稿。

参 考 文 献

何海燕，张亚娟，曾亚平，等，2019．Word 2016 文档处理案例教程[M]．北京：清华大学出版社

教育部考试中心，2017．全国计算机等级考试二级教程：MS Office 高级应用（2018 年版）[M]．北京：高等教育出版社．

马晓荣，2019．PowerPoint 2016 幻灯片制作案例教程[M]．北京：清华大学出版社．

孙艳秋，刘世芳，谭强，2017．大学计算机基础实验教程[M]．北京：科学出版社．

唯美世界，2018．Photoshop CS6 从入门到精通[M]．北京：中国水利水电出版社

姚志鸿，郑宏亮，张也非，2021．大学计算机基础（Windows 10 + Office 2016）[M]．北京：科学出版社．

岳梦雯，2017．Adobe Flash CS6 动画设计与制作案例技能实训教程[M]．北京：清华大学出版社．

张凤梅，林彬，孙美乔，2021．大学计算机实践（Windows 10 + Office 2016）[M]．北京：科学出版社．

周海芳，周竞文，谭春娇，2018．大学计算机基础实验教程[M]．2 版．北京：清华大学出版社．